广西农牧工程学校校本教材

禽 生 产

廖清华　马翠芳　主编

中国农业大学出版社
·北京·

内 容 简 介

本教材介绍了禽场建设与生产设备使用、家禽孵化、肉鸡生产、蛋鸡生产、鸭生产、鹅生产等内容，教材针对禽生产岗位设计教学情境，基于生产过程为依据确定教材结构框架。全书内容采用“项目-任务”框架。大部分任务采用“学习目标-必备知识-实践案例-实施过程-知识拓展-职业技能测试”结构进行编写，做到学习重点突出，兼顾知识的系统性，理论与实践有机融合，体现实用性。

图书在版编目(CIP)数据

禽生产/廖清华主编 --北京：中国农业大学出版社，2020.12

ISBN 978-7-5655-2514-8

Ⅰ.①禽… Ⅱ.①廖… Ⅲ.①养禽学—中等专业学校—教材 Ⅳ.①S83

中国版本图书馆 CIP 数据核字(2020)第 273267 号

书　　名　禽生产

作　　者　廖清华　主编

策划编辑　康昊婷　　**责任编辑**　石　华

封面设计　郑　川

出版发行　中国农业大学出版社

社　　址　北京市海淀区圆明园西路 2 号　　**邮政编码**　100193

电　　话　发行部 010-62733489，1190　　读者服务部 010-62732336

编辑部 010-62732617，2618　　出　版　部 010-62733440

网　　址　http://www.caupress.cn　　**E-mail** cbsszs @ cau.edu.cn

经　　销　新华书店

印　　刷　北京溢漾印刷有限公司

版　　次　2022 年 3 月第 1 版　　2022 年 3 月第 1 次印刷

规　　格　185 mm×260 mm　　16 开本　　14.75 印张　　365 千字

定　　价　43.00 元

编审人员

主　编　廖清华（广西农牧工程学校）

马翠芳（广西农牧工程学校）

副主编　李华慧（广西农牧工程学校）

石秀华（广西农牧工程学校）

参　编　黄雪泉（广西农牧工程学校）

张　伟（广西农牧工程学校）

咸燕燕（广西农牧工程学校）

彭少忠（广西水产畜牧学校）

莫志莲（广西钦州农业学校）

段吉礼（广西桂林农业学校）

主　审　卢明勤（广西桂柳牧业集团）

杨福剑（广西参皇养殖集团有限公司）

前言 PREFACE

本教材是应广西农牧工程学校开展中职畜牧兽医专业群建项目资助，依据畜牧兽医专业“课堂＋养殖场”人才培养方案要求，在“禽类生产”专业核心课程标准的指导下，编写的特色教材，供中等职业学校畜牧兽医专业教学使用。

本教材共包含6个项目、23个任务。其中项目一由黄雪泉、咸燕燕编写；项目二由廖清华编写；项目三由李华慧、段吉礼编写；项目四由石秀华、莫志莲编写；项目五由马翠芳编写；项目六由张伟、彭少忠编写。本教材以家禽生产岗位完成的工作任务为根据设计模块项目内容，以行业企业生产过程为依据确定教材结构框架，全书采用“项目-任务”的框架形式。大部分任务采用“学习目标-必备知识-实践案例-实施过程-知识拓展-职业技能测试”的结构进行编写，其中“必备知识”“知识拓展”因任务需要灵活设置。本教材做到由易到难，突出学习重点，兼顾知识的系统性，将相关的理论与实践任务有机融合，体现了较强的实用性。

在编写过程中，本教材由广西桂柳牧业集团南方区域副总裁卢明勤、广西参皇养殖集团有限公司总裁助理杨福剑进行审定。

由于编写时间较紧，编写水平有限，书中有不足之处在所难免，敬请同行专家和其他使用者批评指正。

编　者

2020年3月

目录 CONTENTS

项目一

禽场建设与生产设备使用

【知识目标】

掌握禽场的选址与布局；

掌握禽场常用设备的种类及功能。

【能力目标】

能够设计、规划中小型家禽场；

熟悉家禽场常用设备的使用方法。

任务一　禽场场址的选择与布局

【学习目标】

禽场场址的选择是建场养禽的首要问题。它对建场工作能否顺利进行及投产后禽场的生产水平、家禽群体的健康状况和经济效益等都会产生深远的影响，因此必须在饲养家禽之前做好周密计划，选择最合适的地点建设。

【实践案例一】

某一投资人想在某山地建设一个养鸡场，计划存栏 20 000 只肉鸡，如果你作为技术员如何正确选址和布局呢？

【实施过程一】

一、鸡场场址的选择标准

(一)自然条件

自然条件包括地势地形、地质土壤、水源水质、气候因素等方面。

1. 地势

为了便于鸡场具有良好保暖、采光、通风和干燥的效果，一般在平原地区建场。其应选择地势高燥、平坦或稍有坡度的平地，坡向以南向或东南向为宜。这种场址阳光充足，光照时间长，排水良好，有利于保持场内环境卫生。在山区建场，既不能建在山顶，又不能建在山谷、低洼处，而应建在稍平的缓坡，坡面向阳，山坡的坡度不宜超过 15%～20%，建场区的坡度不宜超过 1%～3%。

2. 地形

场地要开阔，有发展余地，地形要方正，不宜过于狭长。一般鸡场的场地面积应为建筑面积的 3～5 倍。

3. 土壤

在建场时，要求地下水位低，土质透水透气良好，保持干燥，且适于房舍的建筑。同时要求土壤以过去未被传染病或寄生虫病病原体所污染为宜。

4. 水源的水质

水源的水质关系着生产、生活用水与建筑施工用水，要求水源充足、水质良好。最理想的水源是不经过处理或稍加处理即可饮用，要求水中不含病菌和病毒，无臭味或其他异味，水质澄清。大型鸡场最好自备深井以利用地下水源。因为深层地下水不易干枯，水量较为稳定。如果条件允许，鸡场就可以选择城镇集中式供水系统作为本场的水源。

(二)社会条件

1. 位置

(1)鸡场场址的选择必须遵循社会公共卫生准则，以使鸡场不致成为周围环境的污染源，同时也要注意不受周围环境的污染，因此应注意场址附近不应有大型污染环境的化工厂、重工业厂矿或排放有毒物质和气体的染化厂等。其距离不得低于 1 000 m。其距离垃圾场等污染源 2 000 m 以上。

(2)鸡场应该长期处于安静的环境，不受噪声干扰，因此鸡场应距铁路 1 000 m 以上，距公路干线，航运河道 500 m 以上，距普通公路 200～300 m；不要靠近城镇和居民区。鸡场一般距离村庄 500 m 以上；种鸡场要远离城市，其距离最好在 15 000 m 以上；养鸡场应处在居民点的下风向和居民水源的下游。

2. 交通

为了便于运输饲料、粪便和产品，应选择交通方便，路基坚固、排水性好、雨后不泥泞的路面，以免车辆颠簸造成种蛋破损。

3. 供水、供电

在选择场址时，应注意供电条件，特别是集约化程度较高的大型鸡场，必须具备可靠的电力供应。如果供电无保障，鸡场应自备 1～2 套发电机，以保证场内供水供电的稳定性和可靠性。鸡场要尽量靠近集中式供水系统、邮电和通信等公共设施，以保障供水质量及对外联系。

4. 环境

为了便于防疫，新建鸡场应避开村庄、集市、兽医站、屠宰场和其他鸡场，且本地区无重大历史疫情，有良好的自然隔离条件。最好不要在旧鸡场上改建或扩建，以避免遗留病源。

5. 建场面积

鸡场面积没有统一标准，依饲养鸡的类型、饲养方式、机械化程度不同而有一定的差异。在实际生产中，鸡场面积可根据饲养规模因地制宜。一般大型鸡场若采用笼养饲养方式，其占地面积应为建筑面积的 3～5 倍，每只鸡占地 1.0～1.3 m^2。

二、鸡场的布局

鸡场的合理布局事关鸡场的生产经营、生物安全体系和人类公共安全体系的建设。它关系养鸡场的持续发展和人类的安全。在场址选定后，进行规划布局时，应对鸡场的性质、规模、建筑物情况、鸡场生物安全等因素综合分析，以进行鸡场的规划布局，使其科学合理。

(一)鸡场的总体布局

鸡场根据生产功能一般可以分为生活区、管理区、生产区和隔离及粪便处理区等(图 1-1-1)。其布局既要考虑卫生防疫条件，又要照顾各区间相互联系。生活区、管理区一般与场外相通，应位于生产区的外侧，用围墙与生产区隔离。有条件的鸡场可将生活区和管理区设在远离鸡场的城镇，将养殖场建在城郊外，使其变成一个独立的生产单位。这样有利于管理区的信息交流和产品销售，也有利于鸡场生物安全体系的建立。在生产区应配有检疫隔离间和消毒池(图 1-1-2、图 1-1-3)。

生活区、管理区应位于主导风向的上方，以保持空气新鲜，距离生产区应为 100 m 以上。生产区是总体布局中的主体。生产区内禽舍的设置应根据各地的主导风向和交通道路的具体情况而定。禽舍前后布局为从上风至下风，按孵化室、育雏舍、中雏舍、大雏舍、成禽舍(种禽舍或生产禽舍)等顺序设置。这样的布局就能使禽舍获得新鲜空气，减少幼雏、中雏的发

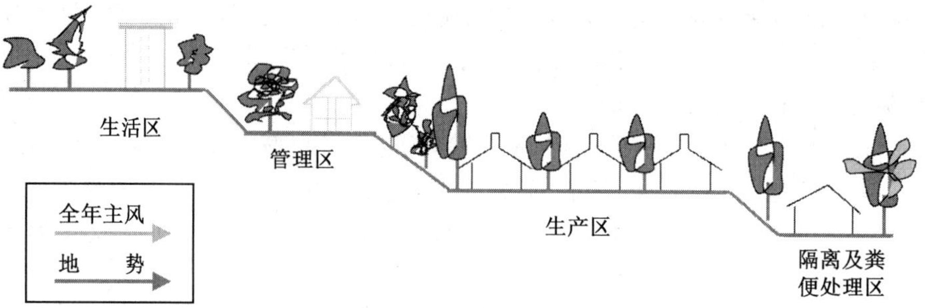

图 1-1-1　鸡场场区规划

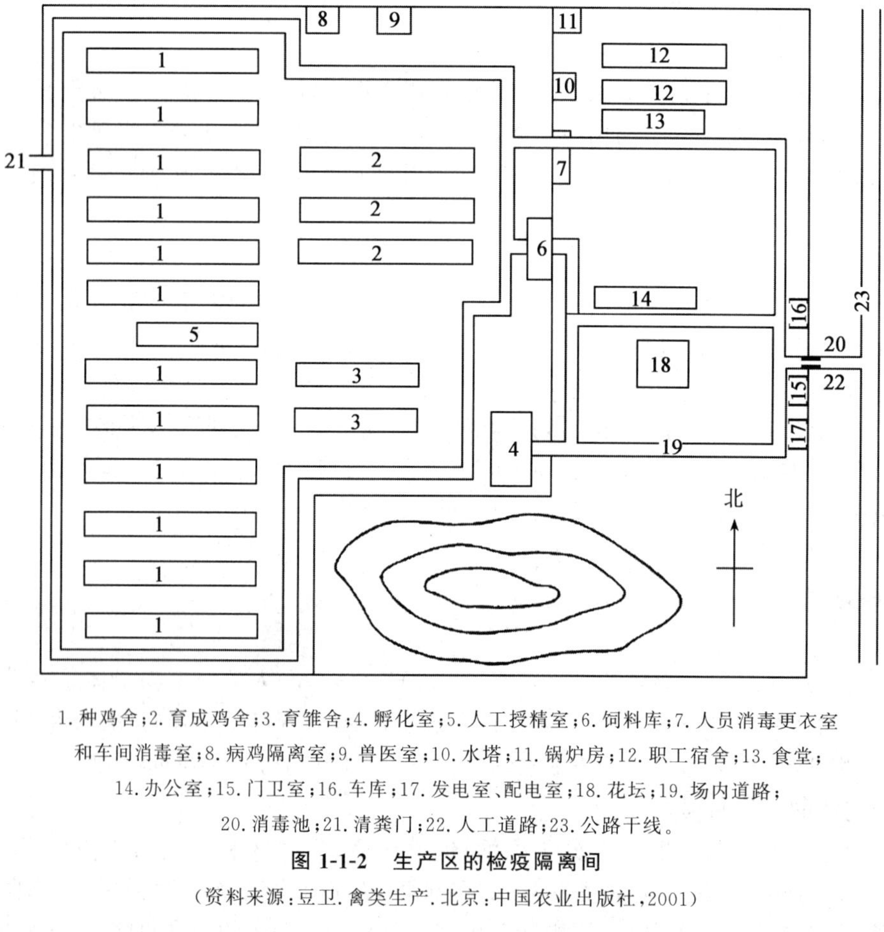

1. 种鸡舍；2. 育成鸡舍；3. 育雏舍；4. 孵化室；5. 人工授精室；6. 饲料库；7. 人员消毒更衣室和车间消毒室；8. 病鸡隔离室；9. 兽医室；10. 水塔；11. 锅炉房；12. 职工宿舍；13. 食堂；14. 办公室；15. 门卫室；16. 车库；17. 发电室、配电室；18. 花坛；19. 场内道路；20. 消毒池；21. 清粪门；22. 人工道路；23. 公路干线。

图 1-1-2　生产区的检疫隔离间

（资料来源：豆卫. 禽类生产. 北京：中国农业出版社，2001）

病概率，同时也避免成禽舍排出污浊空气。

（二）鸡舍的布局

1. 鸡舍间距

鸡舍间距是指各鸡舍之间的距离。鸡舍间距要考虑到防疫、防火、日照和排污的要求。鸡舍间距与鸡舍高度和长度有一定的关系。可取 3～5 倍的鸡舍高度作为鸡舍间距。如果鸡舍长度增加，鸡舍间距就可适当增加。鸡舍间距一般为 10～15 m。为了保持场区和鸡舍环境良好，鸡舍之间应保持适宜的距离（图 1-1-4）。

图 1-1-3 消毒池

图 1-1-4 鸡舍间距

2. 鸡舍朝向

朝向选择应考虑当地主导风向、地理位置、鸡舍采光和通风排污等情况。饲料库和蛋库因与场外联系频繁、劳动量大，因此均要靠近生产区的上风向，但不能在生产区。粪污与饲料库和蛋库为相反的两个方向，因此其平面位置也应是相反的下风向或偏角的位置。我国大部分地区的鸡舍朝向以向南或偏东南或偏西南方向较为适宜。

鸡舍的生产工艺流程顺序为种鸡→种蛋→孵化→育雏→育成→成鸡。其生产布局应按所饲养鸡群的经济价值和鸡群获得的放入免疫力来有序排列。种鸡生产小区应优于商品鸡，育雏、育成鸡应优于成年鸡。成年鸡舍的间距要大。

3. 鸡舍的排列

生产用房一般要求横向成行，纵向成列，尽量将建筑物排成方形，避免排成狭长而造成饲料、粪污运输距离加大，管理和工作不便。4 栋以内单行排列，超过 4 栋则可双行排列或多行排列(图 1 1 5)。

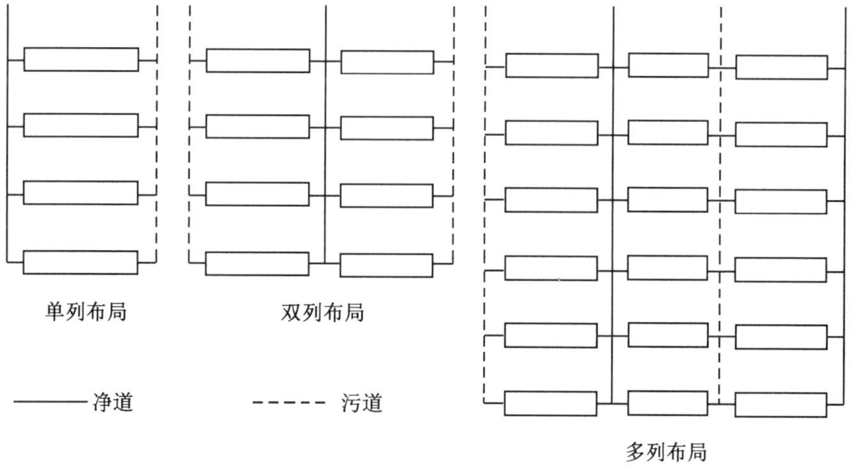

图 1-1-5 鸡舍的排列

(资料来源：蔡吉光，王景. 家禽生产技术. 北京：化学工业出版社，2017)

4. 道路的布局

道路是鸡场各建筑物间联系的纽带。场内道路按大小可分为主干道宽(5 m 以上)和支干道(2～5 m)。按用途，道路可分为净道和污道。净道是饲料和产品的运输通道；污道为运输粪便、死鸡、淘汰鸡以及废弃设备的专用道。为了保证鸡场的安全，道路与房屋及禽舍要有合适的间距，净道、污道分开，互不交叉，出入口分开，净道不能与污道贯通，净道和污道以沟渠或林带相隔。主要路面要求硬化(图 1-1-6)。

图 1-1-6　主干道硬化

5. 粪场

粪场可设置在多列鸡舍的中间，靠近道路，以利于粪便的清理和运输。粪场应在管理区和鸡舍的下风处，与鸡舍保持一定距离(50～100 m)。粪池的深度应进行防渗处理，以防污染地下水和土壤。粪场底部应有一定的坡度，以便粪水流向积液井。粪池大小根据鸡场的排粪量多少及贮藏时间长短而定。

【实践案例二】

某一投资人想建设一个樱桃谷肉鸭场，计划存栏 10 000 只樱桃谷鸭，如果你作为技术员如何正确选址和布局呢?

【实施过程二】

一、水禽场址的选择标准

(一)水源充足

水源是水禽活动、洗浴和交配的主要场所，因此应尽量利用有天然水域的地方，如靠近湖泊、池塘、沟港、河流等水域。即使干旱季节也不能断水(图 1-1-7)。水面要尽量宽阔，水深为 1～1.5 m，以流动水源最为理想，岸边有一定的坡度，供水禽自由上下。如果没有天然水源，就要考虑人工设置水上运动场(图 1-1-8)。

(二)地势高燥

为了便于水禽活动，在水源附近设置沙质土壤、土层柔软、弹性大的运动场(图 1-1-9)。土壤要有良好的透气性和透水性，以保证场地干燥。水禽场的地势要稍高一些，地势略向水面倾斜，最好有 5°～10°的坡度，以利于排水(图 1-1-10)。

图 1-1-7　鸭场靠近河流

图 1-1-8　人工水上运动场

图 1-1-9　沙质土壤的运动场

图 1-1-10　地势稍高

(三)周围环境无污染

水禽场周围 3 km 内无大型工厂、矿厂,2 km 以内无屠宰场、肉品加工厂或其他畜牧场等污染源。水禽场距离干线公路、居民区等设施至少 1 km 以上,距离村庄 500 m 以上。水禽场周围有围墙或防疫沟,并建立绿化带。水禽场所用水必须洁净,每 100 mL 水中的大肠杆菌数不得超过 5 000 个,尽可能远离工厂和城镇上游建场,空气质量符合要求。

(四)交通方便

为方便饲料和水禽产品、饲料的运输,场址要求离物质集散地近些,与公路、铁路或水路相通,但要避开交通要道,以利于防疫和保持环境安静。

二、水禽场的布局

(一)水禽场的分区规划

根据水禽场的生产功能,分区规划,通常其被分为生活管理区、生产区、兽医卫生管理区。各区之间要建立最佳的生产联系和卫生条件。生活管理区安排在上风向和地势较高处,生产区次之,兽医卫生管理区位于下风向和地势最低处。各建筑物间留足采光、通风、消防、卫生防疫间距。场内要分设净道和污道。

(二)水禽舍朝向适宜

场址位于河、渠水源的北坡，坡度朝南或东南。室外运动场和水上运动场在水禽舍南面，舍门朝南或东南开，可以保证禽舍采光良好，冬暖夏凉，以利于提高水禽生产性能。

(三)水禽场的卫生设施

水禽场周围应建设围墙或坚固的防疫沟，防止场外人员进入。水禽场生产区门口应设置消毒室和人、车消毒池。场内应有污物处理设施和排水设施。运动场场地平整坚固、清洁干燥，并能有防止夏天暴晒的遮阴棚。

(四)水禽场废弃物的处理和利用

水禽场的禽粪可以进行高温处理后的肥田或者消毒后的喂鱼。

【职业技能测试】

一、填空题

1. 一般在平原地区建场，应选择地势高燥、平坦或稍有坡度的平地，坡向以________或________为宜。

2. 鸡场应距铁路________ m 以上，距主干公路________ m 以上，距村庄________ m 以上。

3. 水禽舍舍门朝________或________开。

二、选择题

1. 鸡场的隔离区应位于鸡场的________。

A. 上风向，高地势处　　B. 下风向，高地势处　　C. 下风向，低地势处

2. 根据我国的主导风向，鸡舍的朝向一般采用________。

A. 坐南朝北　　B. 坐北朝南　　C. 坐西朝东

三、判断题

(　)1. 禽场选址应交通便利，最好靠近主干公路。

(　)2. 禽场选址应在地势高燥平坦或略有坡度的地方。

(　)3. 为有助于通风，禽舍间距一般为禽舍廊檐高的 3～5 倍。

(　)4. 水禽场应尽量建在天然水域地方。如果没有天然水源，就要考虑人工设置水上运动场。

(　)5. 运动场场地平整坚固、清洁干燥，并能有防止夏天暴晒的遮阴棚。

任务二　禽舍与生产设备的选择

【学习目标】

禽舍的选择取决于全年生产计划及成本。作为生产者能根据生产目的选择适合生产需求的禽舍，同时认识现代养禽场常用设备，学会选择生产设备，掌握主要设备使用方法。

【实践案例】

某一投资人想在某山地建设一个养鸡场，计划存栏 20 000 只肉鸡，如果你作为技术员如何正确选择鸡舍类型和生产设备？

【实施过程】

一、鸡舍类型选择

鸡舍类型是指鸡舍的建筑形式和密闭性。常见鸡舍可分为密闭式、全开放式和半开放式三种类型。

(一)密闭式鸡舍

密闭式鸡舍又称为无窗鸡舍，舍内小气候完全依靠人工进行控制和调节，最大限度地满足鸡的最适合的生理需要，以充分发挥鸡的生产性能。目前只有大型机械化养鸡场采用这种形式的鸡舍(图 1-2-1)。

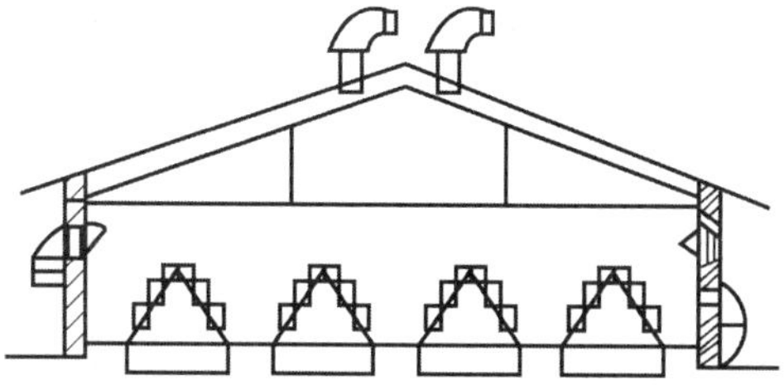

图 1-2-1　密闭式鸡舍

(资料来源：黄国清，刘兰凤．家禽生产．北京：中国农业大学出版社，2016)

1. 密闭式鸡舍的优点

集群不受气候的影响，生产不受季节的限制；人工光照可以控制鸡的性成熟和刺激产蛋；可实行强制换羽和限制饲养生产；基本上切断自然媒介传播疾病的途径；饲料报酬高，场内舍间距可大大缩小，节约土地。

2. 密闭式鸡舍的缺点

建筑及设备造价高；鸡饲料必须是全价饲料；疾病在鸡群中传播速度极快且难以控制；密闭式鸡舍防疫体系要严密，防疫措施要健全；供水供电系统要稳定、安全。

(二)半开放式鸡舍

半开放式鸡舍又称为普通鸡舍，是指前墙和后墙上部是敞开的鸡舍。敞开的面积取决于气候条件及鸡舍类型，一般敞开 50%～60%的面积。敞开部分可安装卷帘、塑料布、草帘等设施，以便高温季节拉起通风，低温季节封闭保温。

1. 半开放式鸡舍的优点

设计、建材、施工和内部设置较为简单，造价低，基建投资少。这种鸡舍用于种鸡、育成鸡和成鸡的饲养，适用于气候条件变化不太大的地区。

2. 半开放式鸡舍的缺点

鸡舍的小环境状况不能完全抵御外界大环境的变化，管理较粗放，不规范，劳动强度大，生产效率不高。

(三)全开放式鸡舍

全开放鸡舍只有屋顶,防止雨水,周围都是敞开的,一般适宜气候较温暖的地区采用(图1-2-2)。

图 1-2-2　全开放式鸡舍

1. 全开放鸡舍的优点

建筑结构简单,造价低廉,鸡舍通风效果好。适用于热带或亚热带地区或者北方夏季使用。

2. 全开放式鸡舍的缺点

防寒、防暑、防雨、防风效果差。

二、生产设备的选择

(一)供料设备的选择

1. 饲槽

常用饲槽有饲碟、长饲槽、喂料桶和盘桶式饲槽等。

(1)饲碟　饲碟用于5日龄以内的雏鸡。每只饲碟可供100只雏鸡使用(图1-2-3)。

(2)长饲槽　长饲槽为长条形状,用塑料或锌镀铁皮制造。笼养饲槽半边高是防止采食时甩料,边缘卷弯为了提高其刚度,一般加料高度不要超过长饲槽高度的1/3。平养可双边采食,笼养单边采食(图1-2-4)。

图 1-2-3　饲碟

图 1-2-4　长饲槽

(3)喂料桶　喂料桶适用于平养鸡。当饲料加入桶中，在调节机构的某一位置时，料桶与食盘之间有环形带状间隙，饲料由此间隙流到料盘外周供鸡食用。调节机构主要调节流料间隙，以满足不同日龄鸡只的采食需要（图 1-2-5）。

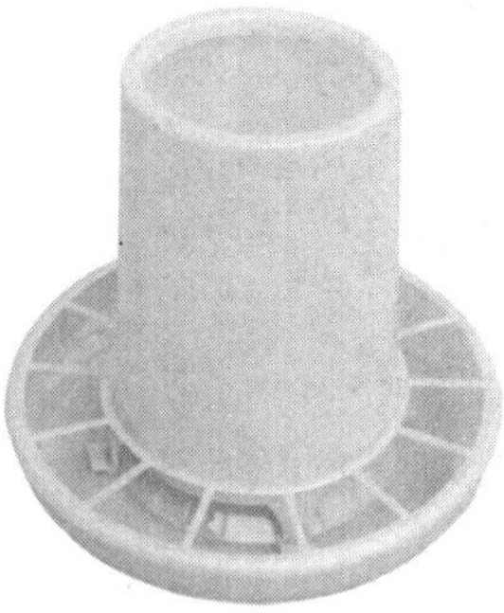

图 1-2-5　喂料桶

2. 自动供料设备

自动供料设备包括饲料运输车、料塔（贮料仓）、输料机和喂料料机。饲料运输车分为机械式和气流输送式两种。料塔多用于大中型机械化鸡场，主要用作短期贮存干粉状或颗粒状配合饲料（图 1-2-6）。输料机将料塔或贮料间的饲料输送到舍内喂料机的料箱内。它是料塔和舍内喂料查的连接纽带。输料机有螺旋弹簧式、螺旋叶片式、链式 3 种，在生产中常用前 2 种。常用喂饲设备有链式喂料机、塞盘式喂料机、螺旋弹簧式喂料机和行车式自动喂料机（图 1-2-7）。

图 1-2-6　料塔

图 1-2-7　行车式自动喂料机

（二）饮水设备的选择

1. 槽式饮水器

槽式饮水器一般安装于鸡笼食槽上方，用塑料或镀锌铁皮制成，通常采用“V”形或“U”形长槽，安装在支架上时要基本调平，从水源流向另一端要有 6/10 000 的斜度（图 1-2-8）。

2. 真空式饮水器

真空饮水器一般由聚乙烯塑料制成，结构为水罐和饮水盘 2 部分（图 1-2-9）。其主要用于平养鸡。在使用时将水罐倒过来装水，再将饮水盘倒覆其上，扣紧后一起翻转过来放在地面或网上。由于水罐底部边缘有一出水孔，在重力作用下，罐内水流出，直至淹没出水孔，此时外界空气不能进入罐内，罐内水面上方产生真空，水就不能流出。

3. 乳头式饮水器

乳头式饮水器广泛应用于饲养 2 周龄以上鸡的笼养或平养鸡舍（图 1-2-10）。其工作原理是当鸡啄阀杆时，阀杆做上下移动，阀杆与阀套间出现间隙，水顺阀杆流下，在阀杆下端出现一滴水供鸡饮用，鸡停啄阀杆，则阀杆靠自重下落，阀杆与阀套间隙消除，停止供水。

图 1-2-8 “U”形长槽

图 1-2-9 真空式饮水器

4. 吊塔式饮水器

吊塔式饮水器又称为普拉松自动饮水器，主要用于平养鸡舍。饮水器通过绳索吊挂在天花板上或固定的专用铁管上，顶端阀体上的进水孔用软管与主水管相连，进来的水通过控制阀门流入饮水盘供鸡饮用(图 1-2-11)。

图 1-2-10 乳头式饮水器

图 1-2-11 吊塔式饮水器

5. 杯式饮水器

杯式饮水器分为阀柄式和浮嘴式 2 种。该饮水器耗水少，并能保持地面或笼体内干燥。平时水杯在水管内的压力下使密封帽紧贴于杯体锥面，阻止水流入杯内。鸡饮水时将杯舌下啄，水流入杯体，以达到自动供水的目的。

(三)笼具设备

1. 育雏笼

(1)叠层式电热育雏笼　叠层式电热育雏笼是一种将热源放入雏鸡饲养设备，适于 1～6 周龄雏鸡的使用。叠层式电热育雏笼为 4 层叠层式结构，每层由加热笼、雏鸡活动笼组成。每一部分都是独立的整体，可以根据房舍结构和需要进行组合。电热育雏笼一般为 4 层，每层高度为 330 mm，每组笼面积为 1 400 mm×700 mm，层与层之间为 700 mm×700 mm 的承粪盘，全笼总高度为 1 720 mm、长度为 4 340 mm、宽度为 1 450 mm。

(2)叠层式育雏笼　叠层式育雏笼是指无加热装置的普通育雏笼，常用的是 4 层或 5

层。整个笼组用镀锌铁丝网片制成，由笼架固定支撑，每层笼间设承粪板，间隙为 50～60 mm，层高为 330 mm。此种育雏笼结构紧凑，占地面积小，饲养密度大。其对整室加温的鸡舍使用效果好(图 1-2-12)。

2. 育成笼

育成笼从结构上分为半阶梯式和叠层式 2 大类，有 3 层、4 层、5 层之分。其可以与喂料机、乳头式饮水器、清粪设备等配套使用。根据育成鸡的品种与体形，每只鸡占用的底网面积为 340～400 cm^2(图 1-2-13)。

图 1-2-12　叠层式育雏笼

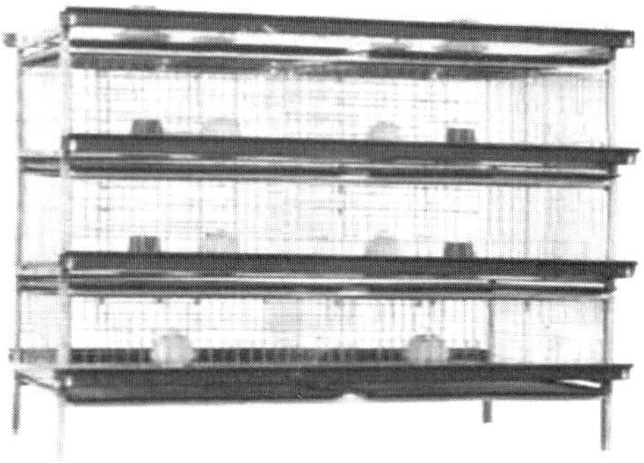

图 1-2-13　叠层式育成笼

3. 蛋鸡笼

蛋鸡笼也称产蛋鸡笼。

(1)全阶梯式鸡笼　全阶梯式蛋鸡笼有 2 层、3 层、4 层之分。其特点是相邻两层鸡笼错开，无重叠或有小于 50 mm 少量重叠，各层的鸡粪可直接落入粪沟，通风、光线最好。不足之处是饲养密度偏低，一般为 22～24 只/m^2。种鸡和较小规模饲养的蛋鸡场采用较多(图 1-2-14)。

(2)半阶梯式鸡笼　半阶梯式鸡笼一般为 3～4 层，相邻两层笼有部分重叠，重叠部分占笼深度的 1/3～1/2。为防止上层鸡粪落到下层鸡身上，下层鸡笼的后上角应做成斜坡形，以可挂自流式承粪板。半阶梯式鸡笼有承粪板，有时会黏结鸡粪，影响空气质量(图 1-2-15)。

图 1-2-14　全阶梯式鸡笼

图 1-2-15　半阶梯式鸡笼

(3)叠层式鸡笼　叠层式鸡笼指上、下几层笼全部重叠，笼架垂直于地面，一般 3～5 层，最多到 8 层，上、下层笼之间留有较大间隙，内装承粪板或承粪传送带，以利于清粪作业(图 1-2-16)。

图 1-2-16　叠层式鸡笼

4. 种鸡笼

种鸡笼可分为蛋用种鸡笼和肉用种鸡笼，从配置方式上可分为 2 层和 3 层。种母鸡笼与蛋鸡笼笼养的设备结构差不多，只是尺寸放大一些，并在笼门结构上做了改进，以方便抓鸡进行人工授精。

(四)环境控制设备选择

1. 降温设备

(1)湿帘风机降温系统　该系统由湿帘(或湿垫)、风机、循环水路与控制装置组成。其具有设备简单，成本低廉，降温效果好，运行经济等特点，比较适合高温干燥地区(图 1-2-17)。湿帘风机降温系统是目前最成熟的蒸发降温系统。湿帘的厚度以 100～200 mm 为宜，干燥地区应选择较厚的湿帘，潮湿地区所用湿帘不宜过厚。

图 1-2-17　湿帘风机降温系统

(2)喷雾降温系统　用高压水泵通过喷头将水喷成直径小于 100 μm 的雾滴，雾滴在空气中迅速汽化而吸收舍内热量使舍温降低。常用喷雾降温设备系统主要由水箱、水泵、过滤器、喷头、管路及控制装置组成。该系统设备简单,效果显著,但易导致舍内湿度过高。

2.采暖设备

采暖设备可用保温伞、红外线辐射加热器、煤炉、烟道和热风炉等。

(1)保温伞　适用于垫料地面和网上平养育雏供暖,主要有电热式和燃气式 2 种。

电热式包括红外线灯泡(图 1-2-18)和远红外线板,伞内温度由电子控温器控制,可将伞下距地面 5 cm 处的温度控制为 25～35 ℃,以便调节温度(图 1-2-19)。

燃气式保温伞主要由辐射器和保温反射罩组成(图 1-2-20)。通过改变悬挂高度来调节温度,同时为了防止一氧化碳中毒,育雏室内的通风要良好。

图 1-2-18　红外线灯泡

图 1-2-19　红外线保温伞

(2)热风炉　主要以煤等为原料的加热设备,在舍外设立热风炉,将热风引进鸡舍上空或采用正压将热风吹进鸡舍上方,集中预热育雏室内空气,效果较好。此方法是目前国内大型种鸡场及商品鸡场普遍采用的供暖方式(图 1-2-21)。

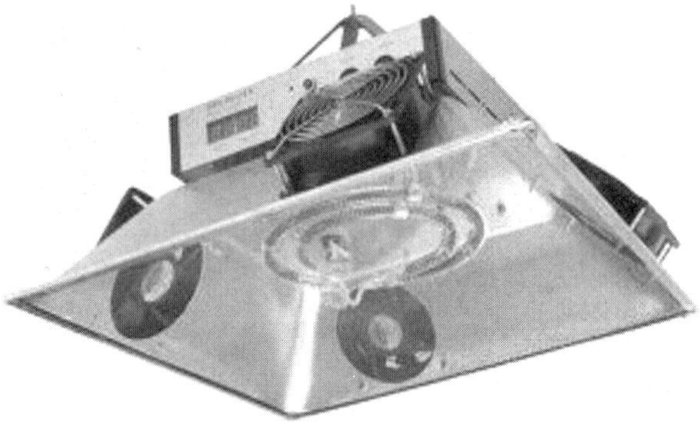

图 1-2-20　燃气式育雏保温伞

图 1-2-21　热风炉

(3)煤炉　在取暖的火炉上设置铁皮或木质制成的伞形罩,用烟囱将烟排出室外,用进风管调节进风量以控制炉子燃烧和调节炉火温度,但是室温无法精确被控制。尤其在冬季,要通风换气,防止缺氧及空气污浊(图 1-2-22)。同时严防煤气中毒及发生火灾。

(3)地下(地上)火道供暖　在地下室设火炉,其中一端设烟囱,室内地下(地上)有数条火道将两者连接。烧火后,热空气经过地下(地上)火道从烟囱排出,室内地面、靠近地面上的空气或烟道附近温度升高(图 1-2-23)。

图 1-2-22　煤炉

图 1-2-23　地下(地上)火道供暖

3.通风设备

禽舍通风的动力可分为自然通风、机械通风和混合通风 3 种。机械通风主要分为正压通风、负压通风。根据鸡舍内气流运动方向,鸡舍通风分为横向通风和纵向通风。实践证明,纵向通风效果较好,能克服在横向通风时舍内的通风死角和风速小而不均匀的现象,同时消除横向通风造成鸡舍间交叉感染的弊病。目前,鸡舍的纵向通风通常用节能、大直径、低转速的轴流风机(图 1-2-24)。

图 1-2-24　轴流风机

4.照明设备

(1)人工光照设备　包括白炽灯、荧光灯。

(2)照度计　可以直接测出光照强度的数值。由于鸡对光照的反应敏感,鸡舍内的照度应比日光低很多,要选用精确的仪器。

(3)光照控制器　自动启闭鸡舍照明灯,即利用定时器的多个时间自编程序功能,以实现精确控制舍内的光照时间。

5.清粪设备

(1)刮板式清粪机　刮板式清粪机用于网上平养和笼养,安置在鸡笼下的粪沟内,刮板略小于粪沟宽度(图 1-2-25)。每开动一次,刮板做一次往返移动,刮板向前移动时将鸡粪刮到鸡舍一端的横向粪沟内,返回时,刮板上抬空行。横向粪沟内的鸡粪由螺旋清粪机排至舍外。根据鸡舍设计,一台电机可负载单列、双列或多列。

(2)输送带式清粪机　输送带式清粪机适用于叠层式养鸡舍清粪,主要由电机和链传动装置、主动辊、被动辊、承粪带等组成(图 1-2-26)。承粪带安装在每层鸡笼下面,启动时由电机、减速器通过链条带动各层的主动辊运转,将鸡粪输送到一端,被端部设置的刮粪板刮落,从而完成清粪作业。

图 1-2-25　刮板式清粪机

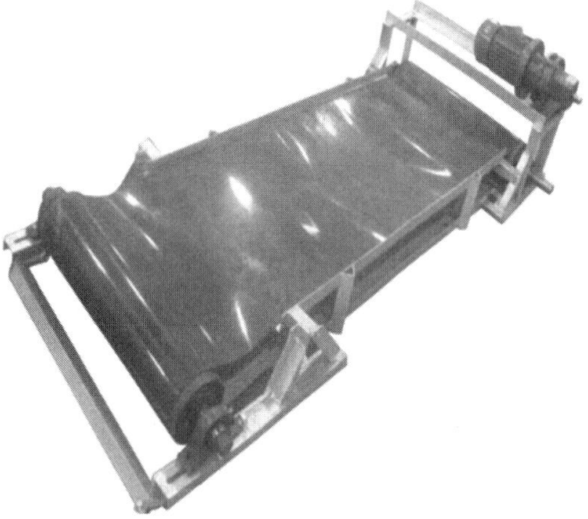

图 1-2-26　输送带式清粪机

6.其他设备

(1)集蛋设备　分为人工集蛋和机械集蛋。人工集蛋是使用蛋托进行手工集蛋,破损率低,但劳动强度较大;机械集蛋较常见的是传送带式集蛋系统,主要由电动机、齿轮、链条、流蛋槽和传送带组成。这种方式可大幅度提高劳动效率,节省劳动力,但破损率较高(图 1-2-27)。

图 1-2-27　机械集蛋

(2)断喙设备　断喙器分为自动式(图 1-2-28)和人工式 2 种断喙器(图 1-2-29)。自动断喙器速度快,但精确度不高。人工式断喙精确度高,但速度慢。断喙器的工作温度按鸡的大小、喙的坚硬程度调整。针对 7～10 日龄的雏鸡,断喙器的刀片温度以达到 700 ℃较为适宜。

图 1-2-28　自动断喙器

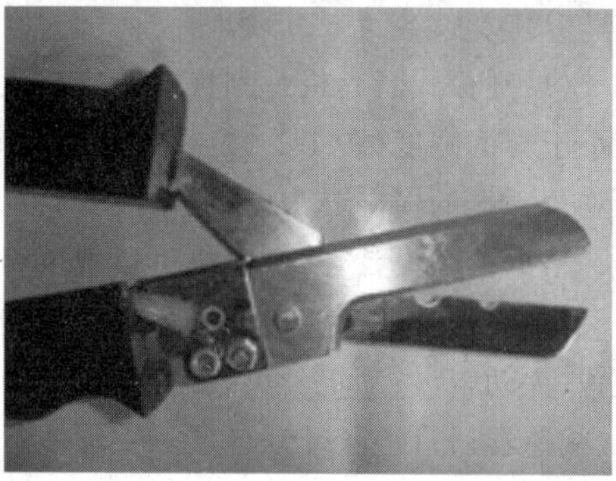

图 1-2-29　电热剪

【知识拓展】

鸭自流式喂料箱

采用此喂料箱可以自由采食，适合于大规模养鸭；可通过将食槽采食面挡板制成可调节高度的活动板，料箱便可适合于各类鸭的饲养。鸭自流式喂料箱具有制作简单、使用方便、造价低廉的特点，可减少饲料浪费，节约生产成本，提高养鸭业的经济效益（图 1-2-30）。

图 1-2-30　鸭自流式喂料箱

【职业技能测试】

一、填空题

1. 养鸡常用的饮水设备有________、________、________等。

2. 鸡舍类型按密闭程度分为________、________、________ 3 种。

3. 养鸡常用的喂料设备有________、________、________ 等。

4. 鸡场育雏常用保温设备有________、________、________等。

5. ____________________是目前最成熟的蒸发降温系统。

二、判断题

（　）1. 乳头式自动饮水器是现代养禽生产中常用的饮水设备。

（　）2. 养禽采用炕道保温方法保温效果优于红外线灯保温。

项目二

家禽孵化

【知识目标】

掌握家禽孵化场的场址选择、规划与布局要求；
掌握孵化设备的类型及特点；
掌握种蛋管理方法及人工孵化技术；
掌握种蛋孵化效果检查与分析；
掌握初生雏禽选择及分级方法、雌雄鉴别、免疫接种及暂存方法。

【能力目标】

能够设计规划家禽孵化场；
熟悉家禽孵化场常用设备与设施的使用方法；
能够正确选择种蛋进行人工孵化；
能够正确分析种蛋孵化效果；
能正确进行初生雏禽的选择分级，正确辨别初生雏禽的雌雄，熟练操作免疫接种。

任务一　孵化场的建设与设备使用

【学习目标】

孵化场建设是决定孵化生产防疫体系的重要前提和保障。根据孵化场的经营方式 、生产规模、生产特点等基本特点，合理规划孵化场规模，选择适宜的场址，配备常见设备，以满足孵化场所需的最基本要求。

【实践案例】

某公司需要建设一个日出壳 20 万羽鸡苗的孵化场，如果你作为孵化场建场的负责人如何正确选址和布局呢？

【实施过程】

一、孵化场场址的选择与总体布局

(一)场址选择

孵化场应与外界保持可靠的隔离，水、电方便，远离交通干线及居民点，距离交通干线 1 000 m 以上，距离居民点 1 000 m 以上；周围 1 000 m 内无其他禽类养殖场、屠宰加工场和粉尘较大的工业加工区，3 000 m 内无大型化工厂、矿石厂等污染源。自养自孵的孵化场与禽场分立门户，至少保持 150 m 的距离。孵化场应建在鸡场的上方，远离饲料加工厂和饲料贮存车间，避免饲料受污染。

(二)孵化场的总体布局

1. 孵化场的规模

根据雏鸡的销售量、每周(次)入孵蛋数、出雏数，确定入孵机与出雏机容量与数量。首先，规划孵化场的占地面积主要考虑孵化室、出雏室及附属的操作室和淋浴间等面积；其次，可增加废杂物、污水处理、场内道路、停车场、花坛等的占地面积。

2. 孵化场的布局

孵化场建筑设施按生活区、管理区和生产(孵化)区、废弃物处理区进行分区规划布局。在布局时，应考虑主导风向和地势(图 2-1-1)。

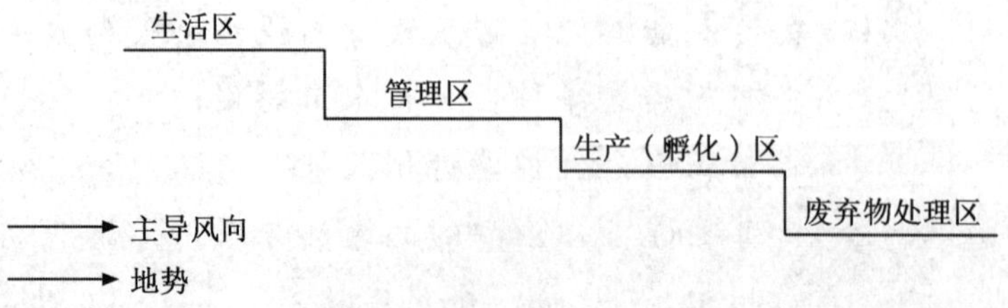

图 2-1-1　孵化场的布局

3. 孵化场生产工艺流程

孵化工艺流程必须遵循“种蛋接收→种蛋处置(分级、码盘)→种蛋消毒→种蛋贮存→种蛋预热→入孵孵化→照蛋移盘→出雏→雏禽处置(分级、鉴别、免疫)→雏禽存放→雏禽发放”的单向流程,不得逆转(图 2-1-2)。

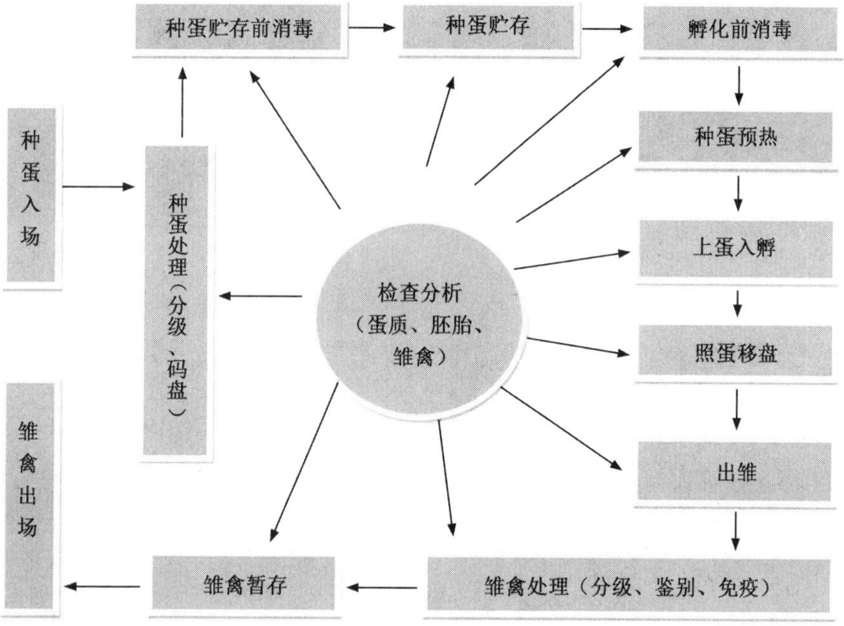

图 2-1-2　孵化场生产工艺流程

4. 孵化场生产区

生产区门口必须设立车辆消毒池、消毒廊和更衣室,生产车间内孵化室与出雏室应严格分开。生产车间应有种蛋处置室、种蛋贮存室、孵化室、移盘室、出雏室、雏禽处置室、雏禽发放室和洗涤室等。

5. 用水、排水设施

孵化场应设有供孵化、清洗用的水源。用水和排水量大的生产车间内应设明沟加盖板的下水通道,与集污池相连。在生产车间的内墙应贴不低于 2.5 m 的瓷砖。

6. 防疫设施

孵化场周围设防疫隔离墙和防疫沟。种蛋进场、雏禽出场、废弃物出场等各出入口应严格分开。场内的净道与污道互不交叉。

二、孵化设备的选择

(一)运输设备

运输设备主要有运蛋箱(图 2-1-3)、蛋托(图 2-1-4)、运雏盒(图 2-1-5)、种蛋平板车、手推车和种蛋运输车。有送雏上门服务项目的孵化场还应配有空调运雏车(图 2-1-6),温度保持 18 ℃。

图 2-1-3　运蛋箱

图 2-1-4　蛋托(纸质)

图 2-1-5　运雏盒

图 2-1-6　空调运雏车

(二)孵化器

孵化器是孵化场的主要设备。按其结构,孵化器可以被分为箱体式孵化机和巷道式孵化机。孵化场应根据能源供应条件、生产规模、种蛋的品种类型,购置不同类型的孵化器及配套设备。

1.孵化器类型

(1)箱体式孵化机　箱体式孵化机适合较小规模的孵化场和没有种禽的孵化场。箱体式孵化机耗电较多,但清洗方便,更卫生。在使用时,可采用整批入孵和分批入孵。按结构形式,其可分为搅拌风扇在箱体的中间位置和搅拌风扇在箱体的后部位置 2 种(图 2-1-7)。

(2)巷道式孵化机　巷道式孵化机具有省电、省地、省人工的优点。其受人为因素影响较小,但对技术人员和电工的素质要求较高,工作流程简单,便于操作,适于工厂化、规模化的孵化生产(图 2-1-8)。

2.孵化器的构造

孵化器的结构基本相同,主要由机体和控制系统组成。

(1)机体　包括箱体、蛋架、种蛋盘(图 2-1-9)。箱体由两侧箱板、顶箱板、后盖板、前面板、主机自控箱操作盘等组成。蛋架是孵化器内的蛋盘托架(图 2-1-10)。

图 2-1-7 箱体式孵化机(孵化出雏两用机)

图 2-1-8 巷道式孵化机

图 2-1-9 机体

图 2-1-10 蛋架

蛋架有固定蛋架和可移动的蛋架车。种蛋盘可分为孵化盘(移盘前用)和出雏盘(移盘后用)两种(图 2-1-11、图 2-1-12)。

(2)控温系统　由电热管(图 2-1-13)或热水管、温度调节器等组成。电热管在温度调节器的控制下经常接通与切断，孵化机内保持一定温度。一般孵化机都设有报警装置。当温度过高、过低或机器故障时，孵化机就会立即发出报警信号。

(3)控湿系统　由水盘(图 2-1-14)或叶片供湿轮(图 2-1-15)、湿度调节器等组成。

图 2-1-11　种蛋盘

图 2-1-12　出雏盘

图 2-1-13　电热管

图 2-1-14　水盘

(4)翻蛋系统　由连杆机构、电机、限位器、行程开关、定时器等组成。孵化机一般都设有自动翻蛋和人工翻蛋 2 套系统。自动翻蛋是指按设定好的翻蛋间隔，定时自动翻蛋(图 2-1-16)。人工翻蛋根据需要按下按键即可翻蛋。

(5)通风系统　由风扇、电机、进出气口等组成(图 2-1-17)。风扇设在进气口、电热管附近，出气口设在孵化机顶部，可使孵化器内的温度、湿度均匀一致，并保证空气新鲜。

(三)水处理设备

水处理设备主要包括取水、供水设备如吊水机、供水塔和自来水管等供水和排水系统。

(四)冲洗消毒设备

冲洗地面、墙面用高压水枪配套设备。一般选择喷射式清洗机较为适合(图 2-1-18)。

图 2-1-15　叶片供湿轮

图 2-1-16　翻蛋系统

图 2-1-17　通风系统

图 2-1-18　喷射式清洗机

(五)发电设备或燃煤、燃气设备

如果孵化场单独用电供热、照明,孵化场就应配有发电机组;如果孵化场采用混合供热,孵化场就应配备有燃煤或燃气设备。

(六)孵化配套设备

1. 照蛋器

照蛋器是检测种蛋和胚胎发育程度的必备工具。其类型多种多样,大型孵化场常用的照蛋器为自动照蛋机(图 2-1-19),可整盘照蛋,更加方便快捷。目前,有的孵化场还使用照蛋机。其外形似吹风机,一般由手柄、开关、风扇、反光圈、灯管和外壳等组成(图 2-1-20)。

2. 免疫接种设备

免疫接种设备主要用于 1 日龄雏鸡接种马立克病疫苗,一般使用连续注射器(图 2-1-21)。目前国内外普遍使用自动注射机(又称自动接种机,图 2-1-22)。自动注射机具有自动注射、自动计数、自动控制接种雏鸡数量的功能。

图 2-1-19　自动照蛋机

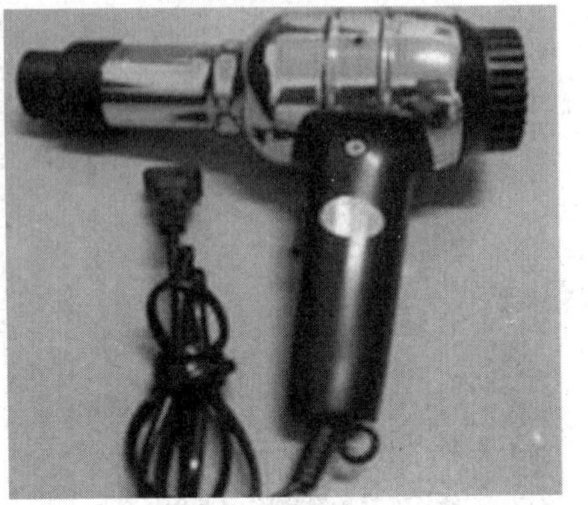

图 2-1-20　照蛋机

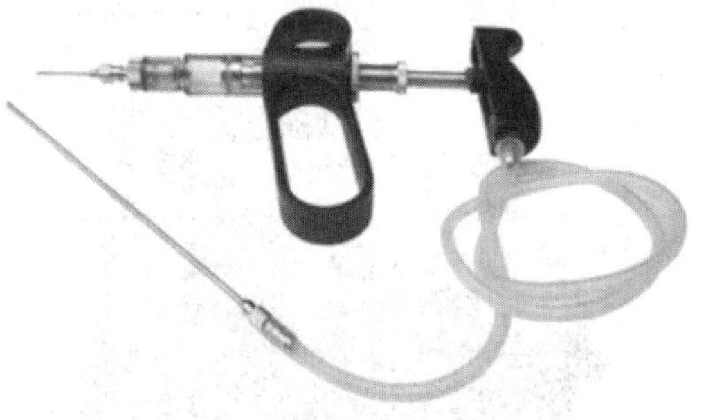

图 2-1-21　连续注射器

图 2-1-22　自动注射机

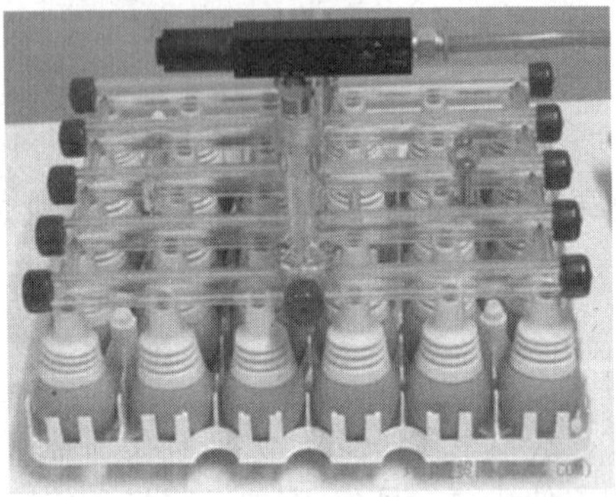

图 2-1-23　真空码蛋器

3. 真空码蛋器

大型孵化场可采用真空码蛋器(图 2-1-23)进行码蛋操作。真空码蛋器能够将蛋从一个蛋盘(蛋托)吸起,放入另一个蛋盘(蛋托)。利用这种设备码蛋速度快,效率高,避免手工码盘时,手接触种蛋造成污染和破蛋,大大减少了破蛋率和污染。

4. 移盘设备

目前,移盘大多采用扣盘移盘法,将种蛋从孵化盘移至出雏盘。其可使用机械扣盘移盘法和手工扣盘移盘法,也可使用真空吸蛋器,可一次性将整盘种蛋从孵化蛋盘中吸起移至出雏盘中,完成移盘工作。移盘设备适用于大中型孵化场。

5. 雏禽雌雄鉴别设备

(1)鉴别台　一般制成前高后低的长方形鉴别台。鉴别桌的规格:长为 130 cm、宽为 68 cm、高为 66 cm。材料可选择用不锈钢材料。

(2)鉴别盒　可直接用出雏盘作鉴别盒。其可制成前高后低无底的长方形盒子。一般规格:长为 130 cm、宽为 68 cm、前高为 14 cm、后高为 20 cm。盒内由两块隔板将其分成 3 格,中格较大,宽为 46 cm,放未鉴别的混合雏,左右两格大小相同,分别存放雌雏和雄雏。

(3)其他　主要有鉴别椅、鉴别灯、排粪缸。要求鉴别椅面离地高 45 cm 左右,最好用转椅,以便根据鉴别员的身材及习惯调节高度,鉴别灯可采用高脚座式反光手术灯。灯杆高不超过 80 cm,灯泡一般用 60 W 的乳白灯泡。排粪缸可用医用油膏缸代替。缸高约为 12 cm、直径约为 13 cm。

【知识拓展】

一、孵化厅各室建筑设计

(一)种蛋处置室

主要接收种蛋、验收、码盘、装车。室内空间要能够驶入运蛋车和操作空间。种蛋处置室设洗手消毒盆,有上下排水设施,排水暗管连接孵化室。

(二)种蛋贮存室

要求密封、保温、隔热,配备空调和干湿球温度计。可采用电子温湿度探头控制蛋库内的温湿度,在库房外有温湿显示,方便检查。

(三)种蛋消毒室

要求密封,配备排风扇。体积按一次最大消毒量设计,一般以每次入孵量的一次消毒为准。门不设夹层,要密封,不设窗户,以免消毒气体外泄。需安装强力排风设备,以便将消毒后的废气通过排风扇和管道排放到室外。

(四)孵化室

室内应为无柱结构,方便入孵器的布局和操作管理。入孵器离墙约为 1 m,中间工作通道约为 3 m。地面到天花板的高度为 4～5 m。如果是巷道式孵化器,高度应达 4.6 m。

(五)照蛋移盘室

应通过吊顶将高度降至 3 m 左右。照蛋移盘室的面积不宜太小,方便操作。

(六)出雏室

要注意处理通风换气,尤其是出雏期间雏禽绒毛的收集、排放及排水问题。根据出雏量和出雏器型号、数量确定面积。出雏器离墙约为 1 m,中间工作通道约为 3 m。

(七)雏禽处置室

为方便雏禽分级、雌雄鉴别、免疫的操作,雏禽处理室的面积应较大。

(八)接雏室

应有取暖、照明和通风设施,以免接雏时雏禽受冻。

(九)洗涤室

洗涤室的面积根据入孵量或出雏量而定,应配备高压清洗机。

二、孵化场各室空气的技术参数

孵化场各室空气的技术参数如表 2-1-1 所列。

表 2-1-1 孵化场各室空气的技术参数

室别	温度/℃	相对湿度/%	通风
种蛋处置室	22～25	50～60	等压通风
种蛋贮存室	12～18	70～80	安装空调
种蛋消毒室	24～27	75～80	强力排风
照蛋移盘室	26～28	55～65	正压通风
孵化室	24～26	55～65	正压通风
出雏室	22～26	55～60	负压通风
雏禽处置室	22～25	50～60	负压通风

【职业技能测试】

一、填空题

1.孵化场应离交通干线__________ m 以上，距离居民点__________ m 以上；周围________ m 内无其他禽类养殖场、屠宰加工场和粉尘较大的工业加工区，________ m 内无大型化工厂、矿石厂等污染源。

2.自养自孵的孵化场须与禽舍相隔________ m 以上。

3.孵化场建筑设施按________、________、________、________进行分区规划布局。布局时应考虑________和________。

4.入孵器和出雏器离墙约________ m，中间工作通道约________ m。

5.入孵器和出雏器地面到天花板的高度为________ m。如果是巷道式孵化器，高度应达________ m。

6.孵化器按结构分为________和________。

7.孵化器结构一般包括________、________、________、________、________ 5 大部分。

8.孵化配套设备主要有________、________、________、________、________等。

9.蛋架有固定________和可移动的________。

10.种蛋盘可分为移盘前用的________和移盘后用的________ 2 种。

11.孵化场照蛋设备可采用________和________。

二、问答题

1.孵化场的场址选择有何要求？

2.孵化生产工艺流程如何？

3.孵化场常见设备或设施有哪些？

任务二　种蛋管理

【学习目标】

种蛋管理是孵化生产的重要环节，科学合理的管理是提高种蛋孵化率的重要保证，因此在孵化前必须做好种蛋的运输、选择、消毒和保存等环节。

【必备知识】

种蛋的构造

种蛋主要由蛋黄、蛋白、胚盘(或胚珠)、蛋壳膜和蛋壳5个部分组成(图2-2-1)。

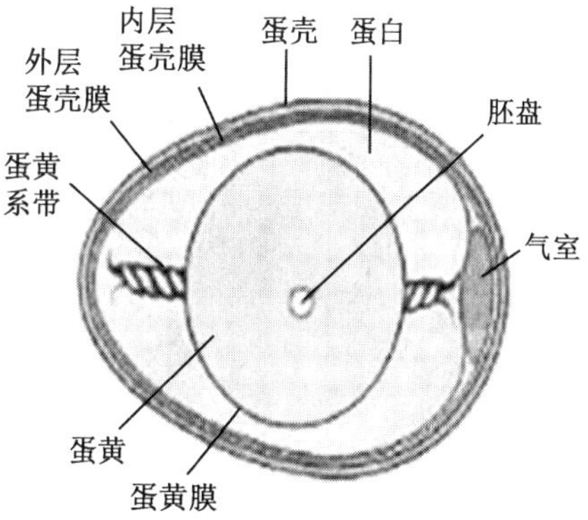

图 2-2-1　种蛋的结构

一、蛋黄

蛋黄是胚胎早期发育获得营养的场所。蛋黄外面有一层极薄且有弹性的膜称蛋黄膜。

二、蛋白

蛋白由稀蛋白和浓蛋白组成。在蛋黄两端附有螺旋状的系带。系带的作用是让蛋黄悬浮于蛋的中央并保持一定的位置，防止蛋黄上的胚盘与蛋壳膜粘连而影响胚胎发育。种蛋在运输时若受到剧烈振动，就会使系带断裂。如果存放时间过长，就会影响种蛋的孵化效果。

三、胚盘(或胚珠)

胚盘是位于蛋黄中央的一个内亮外暗的圆点(无精蛋则无明暗之分，这被称为胚珠)。胚盘比重较蛋黄小，故始终都在蛋黄的上方。

四、蛋壳膜

蛋壳膜分内壳膜和外壳膜2层。蛋壳膜是由角蛋白形成的网状结构，具有很强的韧性和较好的透气性，内外壳膜上有许多气孔，可进行气体交换。2层膜紧贴在一起，在蛋的钝端形成一个空腔称为气室。随着蛋存放和孵化时间的延长，蛋内水分不断蒸发，气室将逐渐增大。

五、蛋壳

蛋壳表面有很多气孔，对胚胎发育中的气体交换极为重要。刚产下的蛋表面有一层薄薄的胶护膜，封闭蛋壳上的气孔，对阻止细菌侵入蛋内和防止蛋内水分过分蒸发起到一定的作用。这种胶护膜随着存放时间的延长和孵化或水洗就会脱落，气孔敞开，因此在生产中种蛋应及时入孵，而且在种蛋保存前不能采用溶液消毒法或水洗。

【实践案例】

种蛋的孵化率、禽苗的健雏率与种蛋管理好坏密切相关，如果你作为种蛋库管理员如何做好种蛋管理呢？

【实施过程】

一、种蛋运输

(1)在运输前，种蛋最好用专用的蛋托和种蛋箱包装(图 2-2-2)。每个蛋托放种蛋 30 枚，一个种蛋箱共放种蛋 300 枚。在包装时，蛋的钝端向上放置。蛋箱装满后打包待运。

图 2-2-2 蛋托和种蛋箱

(2)如果孵化场远离种禽场，夏天种蛋最好在下午 5:00 或晚上 10:00 或气温最低的时间运输，冬天最好在下午 5:00 以前运到孵化场。如果孵化场和种禽场在同一场地内，而且在种禽场内没有冷藏蛋库，则每次捡完种蛋后，尽快送到孵化场内。如果使用空调车辆运输种蛋，可不考虑时间，但是每天最好运送一次。

图 2-2-3 种蛋运输车

(3)在种蛋运输过程中要求快速、平稳安全、种蛋破损少。防震荡、雨淋、日晒、受冻。当长途运输时，最好空运。有条件的孵化场可用空调车运输，温度为 12～16 ℃，相对湿度为 75%(图 2-2-3)。

二、种蛋的选择

(一)种蛋选择方法

1. 感观法

感观法是指对种蛋的外观通过看、摸、听、嗅等感觉来鉴定种蛋的品质优劣。①看：蛋壳的结构、蛋形、大小、蛋壳表面清洁度等，剔除异形蛋、过大蛋、过小蛋、过圆蛋、过长蛋、脏蛋。

②摸:蛋壳的光滑程度、种蛋轻重,剔除钢皮蛋、沙皮蛋、过轻蛋。③听:听蛋与蛋轻敲时发出的声音判断蛋的完整性,如声音清脆为完好蛋,有低沉破裂音则为破损蛋(图 2-2-4),剔除破损蛋。④嗅:有无特殊臭味,剔除臭蛋。

2. 透视法

透视法是指通过照蛋器透视(图 2-2-5),对种蛋的蛋壳结构、气室大小、位置、蛋黄、蛋白、系带完整程度、血斑或肉斑蛋,蛋黄膜是否破裂、裂纹蛋等,对种蛋做综合鉴定。

图 2-2-4 敲蛋听音

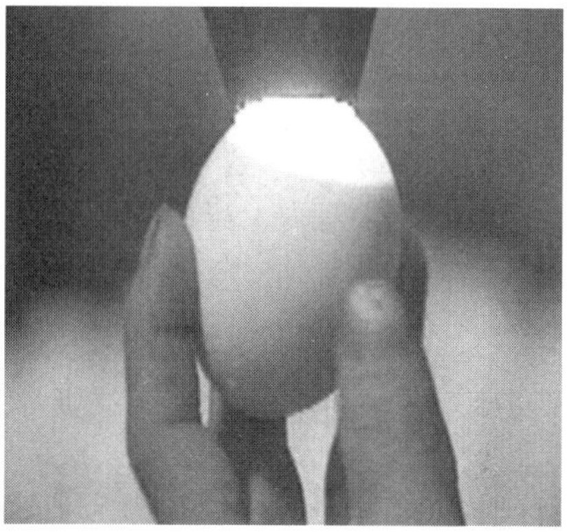

图 2-2-5 透视法

3. 抽检剖视法

抽检剖视法是指随机抽取几枚种蛋,将种蛋打开倒入衬有黑纸(或黑绒)的玻璃板上,观察新鲜度及有无血斑、肉斑,多见于外购种蛋。新鲜蛋蛋白浓厚,蛋黄高突;陈蛋蛋白稀薄成水样,蛋黄扁平甚至散黄,一般只用肉眼观察即可。此法多用于当孵化率异常时,进行的抽样测定。

(二)合格种蛋选择标准

1. 种蛋来源

种蛋必须来自健康高产、饲养管理好的种禽。在外购种蛋时,应先调查种蛋来源的种禽群健康状况和饲养管理水平,再决定是否签订供应种蛋的合同。

2. 种蛋新鲜度

用于孵化的种蛋越新鲜越好,一般要求为产出一周内的种蛋。

3. 种蛋清洁度

蛋壳表面清洁有光泽,没有异物和污物,包括粪便、破蛋液、垫料、羽毛等。脏蛋应淘汰。

4. 蛋重

一般要求蛋用型鸡蛋为 50～65 g,肉用型鸡蛋为 52～68 g,鸭蛋为 80～100 g,鹅蛋为 160～200 g。同一批次种蛋相对比较,过大或过小的种蛋应淘汰(图 2-2-6)。

5. 蛋形

合格种蛋应为椭圆形。其他均应淘汰,如双黄蛋、过长、过圆、腰凸、橄榄形(大小头不分)、两头尖、小头歪等(图 2-2-6)。

6. 蛋壳

蛋壳的颜色应符合本品种的要求,质地致密均匀,无裂纹。蛋壳过厚的钢皮蛋、蛋壳过

图 2-2-6 不合格种蛋

薄和粗糙的沙壳蛋(图 2-2-7)、皱纹蛋(图 2-2-8)、裂纹蛋和破蛋均应淘汰。

图 2-2-7 沙壳蛋

图 2-2-8 皱纹蛋

三、种蛋消毒

在种蛋产出过程中,蛋壳表面会被粪便、垫料、环境所污染。随着存放时间的延长,蛋表面会繁殖大量微生物。如不及时消毒,蛋壳表面的细菌便可通过气孔侵入蛋内,影响种蛋的孵化率和雏禽质量,可见种蛋消毒非常重要。

(一)种蛋消毒的时间

在种蛋产出后到开始孵化时,其间至少进行 2 次消毒,即保存前和入孵时各进行 1 次。第 1 次消毒是在每次捡蛋完毕就应立即进行消毒,然后入库保存。种禽场尽量做到每天多收集种蛋,然后集中进行消毒。第 2 次消毒是在种蛋入孵时再进行 1 次消毒。

(二)种蛋消毒的方法

种蛋消毒的方法包括福尔马林熏蒸消毒法、药液喷雾消毒法、药液浸泡消毒法和过氧乙酸熏蒸等。大型孵化场常用福尔马林熏蒸消毒法。

1. 福尔马林熏蒸消毒

此法适合于各次种蛋的消毒。蛋产出后的消毒一般采用福尔马林熏蒸法(图 2-2-9)。此法消毒效果较好,操作简便。在孵化消毒时,按每立方米熏蒸空间用福尔马林 30 mL、高锰酸钾 15 g,密闭熏蒸 20～30 min 后打开通风设备,排出余气。当种蛋少时,可在蛋盘架上罩上塑料箱体或塑料薄膜进行消毒,可缩小体积,减少用药量。

采用福尔马林熏蒸消毒法应注意事项的是先放高锰酸钾,再放福尔马林;蛋面不能有水珠;熏蒸时的温度最好为 26～27 ℃,湿度为 70%～80%,避开胚蛋。

①熏蒸间密闭性要好,消毒时的环境温度为 24～27 ℃,相对湿度为 75%～80%。

②福尔马林气体有刺激性,在操作时应注意防护。应先放高锰酸钾,再倒入福尔马林,迅速离开,以防吸入甲醛气体。盛药的容器最好用陶瓷容器,容积要大,以免药物外溅而影响消毒效果。

③蛋面要干燥,以免影响孵化效果。

④熏蒸消毒要避开入孵后 1～4 d 的胚蛋。

2. 浸泡消毒和喷雾消毒

(1)浸泡消毒　常用的消毒剂有 0.1% 新洁尔灭溶液或 0.05%高锰酸钾溶液(图 2-2-10)、0.1%的碘溶液或 0.02%的季铵溶液等。新洁尔灭溶液浸泡 5 min,碘液浸泡 0.5～1 min。此法适合孵化量少的小型孵化场的种蛋消毒,在消毒的同时可对入孵种蛋起到预热的作用。当平养(如鸭、鹅)家禽脏蛋较多时,常用此法。

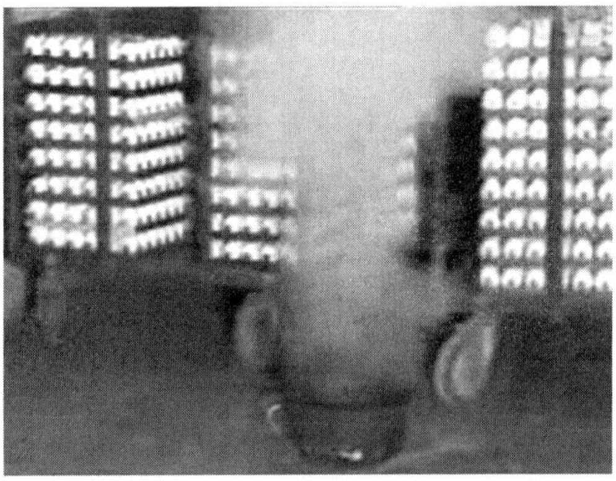

图 2-2-9　福尔马林熏蒸消毒

图 2-2-10　浸泡消毒

(2)喷雾消毒　种蛋收集后应放在蛋盘中,用 80 mol/L 的二氧化氯喷雾消毒,效果较好。但是种蛋必须晾干后才能保存。在使用该方法消毒时,必须严格控制消毒时间,否则会增加胚胎的死亡率。

3. 过氧乙酸熏蒸消毒法

过氧乙酸是高效、快速广谱消毒剂。在消毒时,1 m^3 空间用 16%的过氧乙酸溶液 40～60 mL,密闭熏蒸 15 min。

在消毒时,过氧乙酸遇热不稳定。如果浓度为 40%以上的过氧乙酸加热至 50 ℃,易引起爆炸。其应低温保存。过氧乙酸腐蚀性强,注意不要伤到皮肤。

四、种蛋的保存

来自优秀禽群又经过严格挑选的种蛋如果保存不当，也会降低孵化率，甚至造成无法孵化的后果。因此，种蛋在产出至入孵前必须有适宜的保存环境(温度、湿度、时间和卫生等)。

(一)种蛋库要求

种蛋应有专门蛋库进行保存(图 2-2-11)。蛋库内应无特殊气味，空气流通，避免阳光直射，并有防鼠、防蚊、防蝇的设施。种蛋在入库保存前要消毒。在保存时，应将来自不同场栋的种蛋进行标识分别存放。每天定时进行一次温湿度记录。

图 2-2-11　种蛋库

(二)保存温度

种蛋保存的适宜温度为 12～18 ℃。如果种蛋贮存 1 周之内，就要求种蛋的保存温度为 15～18 ℃；如果保存时间超过 1 周，则以 12～14 ℃为宜。种蛋保存应保持温度的相对稳定，切忌温度忽高忽低。有条件的种蛋库可安装空调，实现自动控温、控湿和通风。

(三)保存湿度

贮蛋室的相对湿度应以 75%～80%为宜。在种蛋保存期间，蛋内水分通过气孔不断蒸发，其速度与贮存室湿度成反比。如果湿度过低，蛋内水分向外蒸发快，易加快种蛋变质。如果湿度过高，易导致蛋内外微生物的生长，造成孵化率和雏禽质量下降。南方的 2—4 月份是高湿季节，应注意贮蛋室的干燥通风。

(四)保存时间

种蛋越早入孵越好，一般以蛋产出 7 d 以内为好。夏季气温较高，以保存 3～5 d 为宜。种蛋孵化率也会随着存放时间的增加而下降，孵化期也会延长。存蛋时间对孵化率和孵化期的影响(表 2-2-1)。

(五)放置位置

当种蛋保存 1 周内时，可大头向上放置，不翻蛋。当超过 1 周时，应将种蛋小头向上放置，并且每天翻蛋 1～2 次，否则种蛋在保存或孵化期间易使发育的胚胎变弱，甚至死亡。另外，种蛋在保存期间不宜洗涤，以免胶护膜被溶解破坏而加速蛋的变质。

表 2-2-1　存蛋时间对孵化率和孵化期的影响

贮存天数/d	入孵蛋孵化率/%	超过正常孵化时间/h
0	87.16	—
4	85.96	0.71
8	82.34	1.66
12	76.30	3.14
16	67.86	5.44
20	57.00	9.03
24	43.73	14.61

【知识拓展】

种蛋

一、母禽的生殖器官及机能

母禽的生殖器官由卵巢和输卵管两部分组成(图 2-2-12)。母禽为了减轻飞翔的负担,母禽右侧生殖器官退化,只有左侧卵巢和输卵管发育正常并具有繁殖机能。卵巢产生成熟的卵细胞(蛋黄),输卵管则在卵细胞外面依次形成蛋白、蛋壳膜、蛋壳等。

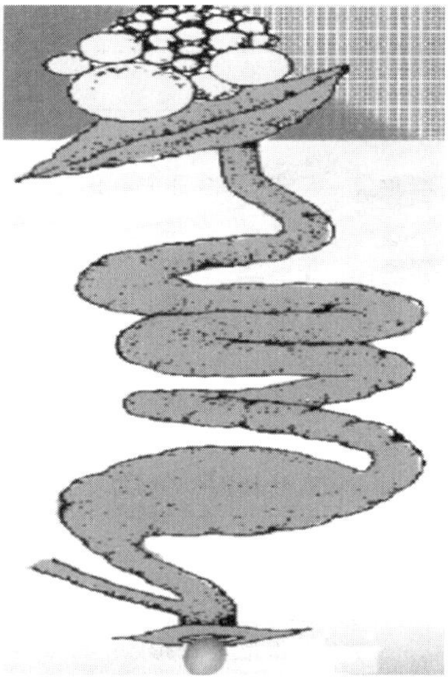

图 2-2-12　母禽的生殖器官

(一)卵巢

母禽只有左侧一个卵巢,位于腰椎腹面,肾脏前叶处,形似一串葡萄。卵细胞位于卵泡内,卵泡有一个小柄与卵巢相连。卵泡上布满血管,以供卵细胞发育所需的营养物质。卵在发育前期缓慢,在发育后期迅速。卵细胞成熟需 7～10 d。成熟的卵泡掉入输卵管的漏斗部(输卵管伞部),称为排卵。

(二)输卵管

禽类输卵管是一条弯曲、直径不同、富有弹性的长管,由输卵管系膜悬挂于腹腔左侧顶壁。输卵管由漏斗部(又称输卵管伞部、喇叭部)、膨大部(又称蛋白分泌部)、峡部、子宫、阴道和泄殖腔 6 个部分组成。

(1)漏斗部　又称伞部、喇叭部,是输卵管的入口,边缘薄而不整齐,卵巢排出卵子后,很快被漏斗部接纳。如母禽经过交配,精子即在此部与卵子结合而受精。

(2)膨大部　又称蛋白分泌部,为输卵管最长的部分,壁厚,黏膜有纵褶。膨大部密生腺管包括管状腺和单胞腺。前者分泌稀蛋白,后者分泌浓蛋白。

(3)峡部　是输卵管最细部分。蛋在峡部主要是形成内、外壳膜,增加少量水分。

(4)子宫　呈袋状的部分,管壁厚,肌肉发达,黏膜呈纵横皱褶,并以特有的玫瑰色和较小腺体而区别于输卵管的其他部分。子宫分泌子宫液、蛋壳、胶护膜和形成色素。

(5)阴道　为输卵管最后部分，开口于泄殖腔背壁的左侧。阴道对蛋的形成不起作用，蛋到达阴道部，只等待产出。当蛋产出时，阴道自泄殖腔翻出，因此蛋并不经过泄殖腔。

二、种蛋的形成

性成熟的母禽在卵巢上有若干个大小不等的卵泡，每个卵泡中含有一个卵子，成熟的卵子由卵泡排出，落入输卵管的伞部，这个过程称为排卵。排出的卵子若遇精子便在伞部结合，形成受精卵。卵黄随输卵管的蠕动到达膨大部，膨大部分泌不同浓度的蛋白包围在卵黄周围。卵继续下行到达输卵管峡部形成内、外蛋壳膜，再进入子宫。进入子宫后，由于子宫分泌的子宫液迅速渗入壳膜内，蛋白重量增加和壳膜鼓起来而形成蛋形。子宫分泌的钙质和色素形成蛋壳和壳色。另外，在子宫部形成胶护膜包围蛋壳外表。蛋在子宫内停留时间最长可达 18～20 h，在神经及生殖激素的作用下经阴道产出。

三、畸形蛋的形成原因

畸形蛋的种类比较多。其常见的主要有双黄蛋、无黄蛋、软壳蛋、异物蛋、异状蛋、蛋包蛋、特小蛋、血斑和肉斑蛋等(表 2-2-2)。

表 2-2-2　畸形蛋的种类和形成原因

种类	外观	形成原因
双黄蛋	蛋很大，每个蛋有两个蛋黄	两个卵黄同时成熟排出，或由于母禽受惊，或物理压迫，使卵泡破裂，提前与成熟的卵一同排出，多见于初产期
无黄蛋	蛋很小，无蛋黄	膨大部机能旺盛，出现浓蛋白凝块；卵巢出血的血块，脱落组织，多见于盛产期
软壳蛋	无硬壳，只有壳膜、缺乏维生素 D、钙、磷，子宫机能失常，母禽受惊，疫苗、药物使用不当，禽患病等	
异物蛋	蛋中有血块、血斑或有寄生虫	卵巢、输卵管炎症，导致出血或组织脱落，有寄生虫等
异状蛋	蛋形呈长形、扁形、葫芦形、皱纹、沙皮蛋等	母禽受惊，输卵管机能失常，子宫反常收缩，蛋壳分泌不正常等
蛋包蛋	蛋很大，破壳后内有一正常蛋	蛋形成后产出期，母禽受惊或某些生理反常，导致输卵管逆蠕动，恢复正常后又包围蛋白蛋壳

【职业技能测试】

一、填空题

1. 运输前种蛋最好用专用________和________包装。在包装时，蛋的________向上放置。

2. 夏天的种蛋最好在一天________，或一天中________时间运输，冬天的种蛋最好在________以前运到孵化场。

3. 种蛋是由________、________、________、________、________ 5 部分组成的。

4. 新产出的蛋在蛋壳表面有一层________，可防止外界________和蛋内________。

5. 在蛋黄两端附有螺旋状的系带，它的作用是____________________。

6. 在蛋黄表面有一白色圆点，未受精的称________，已受精的称________，________发育成胚胎。

7. 常见的畸形蛋有________、________、________、________等，畸形蛋不宜作种蛋。

8. 种蛋选择的方法有________、________、________等。

9. 种蛋消毒方法常用的有________、________、________、________等。

10. 种蛋气室越小，表明种蛋越________。

11. 听音判断种蛋有无裂痕时，如蛋之间轻敲发出________则为破损蛋。

12. 合格种蛋蛋形应为____________________。

13. 为了提高种蛋的孵化率和雏禽的质量，对________和________的种蛋各进行一次严格的消毒。

14. ____________消毒法不能用于种蛋保存前消毒，以免破坏____________不利于保存。____________________消毒法种蛋保存前和入孵前均可使用。

15. 对种蛋进行熏蒸消毒时，按每立方米熏蒸空间用福尔马林________ mL，高锰酸钾________ g，熏蒸时间为________。熏蒸消毒要避开入孵后________胚蛋。

16. 种蛋的保存时间以________天内为最好，夏季气温较高，以保存________内为宜。

17. 种蛋保存的适宜温度为________，适宜湿度为________。

18. 种蛋在保存期不宜洗涤，以免________ 被溶解破坏而加速蛋的变质。

二、简答题

1. 种蛋的基本构造如何？

2. 合格种蛋的标准是什么？

3. 简述福尔马林熏蒸消毒种蛋的操作方法及注意事项。

任务三　人工孵化

【学习目标】

家禽的胚胎发育受温度、湿度、环境的影响较大。如果要想取得人工孵化成功，就必须了解家禽胚胎发育特点。按照生产程序，掌握好胚胎发育适宜温度、湿度、通风、翻蛋、消毒、凉蛋等孵化条件以及孵化机器和其他设备的正确操作方法，人工孵化才能达到预期效果。

【必备知识】

家禽的胚胎发育主要分为 2 个阶段：一是母禽体内的发育；二是母体外的发育。家禽母体的发育主要依靠蛋内的营养物质和适宜的外界条件。孵化过程就要为胚胎发育创造合适的外界条件，因此在孵化过程中应根据胚胎的发育规律，严格执行温度、湿度、通风、翻蛋及凉蛋等条件。

一、家禽的孵化期

胚胎在孵化过程中发育的时期被称为孵化期。不同的家禽，其孵化期也不同，各种家禽的孵化期(表 2-3-1)。

表 2-3-1　各种家禽的孵化期　　d

家禽种类	鸡	鸭	鹅	瘤头鸭	火鸡	鸽子	珍珠鸡	鹌鹑
孵化期	21	28	31	33～35	28	18	26	17～18

二、孵化条件控制

(一)孵化温度控制

温度是家禽孵化最重要的条件。合适的孵化温度是家禽胚胎正常生长发育的保证。正确掌握和运用温度是提高孵化率的首要条件。孵化温度与禽种、品种、蛋的大小、种蛋贮存时间、不同日龄的胚胎、孵化季节、孵化器类型、孵化方法等有关。

1.胚胎发育的最适温度范围和孵化最适温度

胚胎发育的适宜温度范围为 37～39 ℃。在孵化室温为 22～26 ℃的前提下，鸡胚孵化的最适温度为 37.8 ℃，出雏时的温度为 37.3 ℃。

2.温度对胚胎发育的影响

温度过高，则胚胎发育加快，胚外膜血管易充血。如果温度超过 42 ℃，经过 2～3 h 后会造成胚胎死亡。温度过低，则胚胎发育延缓。如果温度低于 24 ℃，30 h 胚胎会全部死亡。

3.孵化温度控制

在生产上，孵化温度控制有恒温孵化和变温孵化 2 种控温方案(表 2-3-2 至表 2-3-4)。

(1)恒温孵化　指孵化器内的孵化温度保持恒定不变，但出雏器内的温度应稍降低。恒温孵化一般用于种蛋来源少。它是应进行分批入孵时所采用的施温方法。恒温孵化温度控制的原则是前高后低。

(2)变温孵化　指在孵化期随胚龄的增加逐渐降低孵化温度。变温孵化适合于种蛋来源充足。它是在孵化生产旺季时整批入孵所采用的施温方法。变温孵化温度控制的原则是前高、中平、后低。

(二)孵化湿度控制

1.胚胎发育的湿度范围和孵化最适湿度

胚胎发育对环境相对湿度的适应范围比温度要宽些，一般为 40%～70%。入孵机内的湿度要求为 50%～60%，出雏机内的湿度则以 65%～75%为宜。孵化室、出雏室相对湿度为 60%～70%。

2.湿度对胚胎发育的影响

适宜湿度在孵化初期能使胚胎受热良好，在孵化后期有利于胚胎散热。出雏期温度与空气中的二氧化碳作用使蛋壳的碳酸钙变成较脆的碳酸氢钙，以利于雏禽啄壳。

表 2-3-2　鸡的孵化温度　℃

室温	孵化器内温度				出雏机内温度
	恒温孵化（分批入孵）	变温孵化（整批入孵）			
	1～17	1～5	6～12	13～17	18～21
18.3	38.3	38.9	38.3	37.8	37.3
23.9	38.1	38.6	38.1	37.5	
29.4	37.8	38.3	37.7	37.2	
32.2～35	37.2	37.8	37.2	36.7	

表 2-3-3　鸭的孵化温度　℃

类型	室温	孵化器内温度					出雏机内温度
		恒温孵化（分批入孵）	变温孵化（整批入孵）				
		1～23	1～5	6～11	12～16	17～23	24～28
蛋鸭	23.9～29.4	38.1	38.3	38.1	37.8	37.5	37.2
	29.4～32.2	37.8	38.1	37.8	37.5	37.2	36.9
大型肉鸭	23.9～29.4	37.8	38.1	37.8	37.5	37.2	36.9
	29.4～32.2	37.5	37.8	37.5	37.2	36.9	36.7

表 2-3-4　鹅的孵化温度　℃

室温	孵化器内温度				出雏机内温度
	恒温孵化（分批入孵）	变温孵化（整批入孵）			
	1～23	1～7	8～16	17～23	24～31
18.3	37.5	38.1	37.5	36.9	36.5
23.9	37.2	37.8	37.2	36.7	
29.4	36.9	37.5	36.9	36.4	
32～35	36.4	36.9	36.4	35.8	

3. 孵化湿度的控制

湿度的调节通过放置水盘多少，控制水温和水位高低或确定湿球温度来实现。湿度偏低，要增加水盘，提高水温；湿度过高，应除去供水设备，加强通风，切忌地面喷水。

（三）通风控制

1. 空气质量对孵化率的影响

一般要求氧气含量不低于 20%，二氧化碳含量为 0.4%～0.5%，不能超过 1%。二氧化碳超过 0.5%，孵化率下降；二氧化碳超过 1.5%，孵化率大幅度下降。氧气供应不足会造成胚胎生长停止，产生畸形，严重时中途死亡。在孵化后期，通风还可驱散余热，及时将孵化机多余热量带走。

2.通风的控制

在孵化初期，可关闭进排气孔。其随胚龄的增加逐渐打开，至孵化后期进排气孔全部打开。在孵化过程中，要注意观察通风过度或通风量不足的情况。在孵化期间，特别是在孵化初期，如果加热指示灯长时间发亮，就说明孵化器内温度达不到所需的孵化温度，通风换气过度；如果恒温指示灯长亮不灭或发现上一批孵化种蛋出雏期间死于壳内或啄壳后死亡，就证明通风量不足，则应加大通风。

(四)翻蛋控制

翻蛋是指改变种蛋的孵化位置和角度。

1.翻蛋的作用

翻蛋可以防止胚胎与蛋壳粘连，胚胎受热均匀，促进胚胎运动，保持胎位正常。因此，在孵化期，每天要定时翻蛋，尤其孵化 14 d 前一定要翻蛋，14 d 后不翻蛋对胚胎影响不大(表 2-3-5)。

表 2-3-5 不同翻蛋处理对孵化率的影响

翻蛋处理方式	孵化率/%
整个孵化期不翻蛋	29
前 7 d 翻蛋，7 d 后不翻蛋	79
前 14 d 翻蛋，14 d 后不翻蛋	92
1～18 d 进行翻蛋	95

2.翻蛋要求

当机器孵化时，每隔 1～2 h 翻蛋一次。翻蛋角度以水平位置为标准，前俯后仰鸡蛋各 45°为宜，鸭蛋各 50°～55°为宜，鹅蛋各 55°～60°为宜。翻蛋时要注意动作要轻、慢、稳。移盘后不需要再翻蛋，此时胚胎全身已覆盖羽毛，不翻蛋不会影响胚胎或导致蛋壳粘连。不同翻蛋角度对孵化率的影响(表 2-3-6)。

表 2-3-6 不同翻蛋角度对孵化率的影响

翻蛋角度/°	孵化率/%
40	69.3
60	78.9
90	84.6

(五)凉蛋控制

凉蛋是指种蛋孵化到一定时间使胚蛋温度下降的一种孵化操作。若孵化器有冷却装置，则不必凉蛋。

1.凉蛋的作用

驱散胚蛋内多余的热量，排除污浊气体，同时用较低的温度来刺激胚胎，促进其发育并逐渐增强胚胎对外界气温的适应能力。鸭鹅蛋含脂肪高，物质代谢产热量多，必须进行凉蛋，否则易引起胚胎自烧死亡。鸡蛋脂肪含量少，一般不需要凉蛋，但在夏季孵化至中后期，孵化机容量较大的情况下也要进行凉蛋。

2.凉蛋方法

依孵化器的类型、禽蛋种类、孵化制度、胚龄、季节而定。鸡蛋在封门前、水禽蛋在合拢前采用不开机门、关闭电源、风扇转动的方法。之后采用打开机门、关闭电源、抽出孵化盘或将蛋架车拉出孵化机外、喷淋温水(水温为 38 ℃)等措施。每天凉蛋 1～3 次,每次 15～30 min,以蛋温不低于 30～32 ℃为准,将蛋贴眼皮,感觉微凉即可。

【实践案例一】

在机器孵化种蛋前,必须做好孵化器的检修及测试等工作。如果你作为孵化机的检测员如何对即将入孵种蛋的孵化机进行检测呢?

【实施过程一】

孵化前的准备过程

一、孵化室的准备

孵化室必须保温良好、严密,有天棚。最好建成密闭式的孵化室。若为开放式,孵化室的窗户应小而高些,孵化室的天棚距地面高度约为 4 m 以上。孵化室的温度应保持为 22～24 ℃,相对湿度为 55%～60%。孵化室应有专用的通风孔或风机,地面和墙壁要光滑。室内要备有保温设备。有条件的孵化室应配备发电机。孵化室地面要坚固平坦,便于冲洗。

二、孵化器的检修

种蛋入孵前一周要全面检查孵化机。其具体检查方法:接通电源,扳动开关,观察孵化机内的供温、供湿、翻蛋、通风及各种指示灯是否正常;各部位螺丝是否松动,有无异常声响;特别是检查控温系统和报警系统是否灵敏。待孵化机运转 1～2 d 未发现异常情况,方可入孵。

三、孵化温度表的校验

孵化所用的温度表在入孵前应进行校验。其温度表校验方法:将孵化温度表与标准温度表(可用体温表代替)一起放入 38 ℃左右的温水中,观察温差。温差超过 0.5 ℃以上的孵化温度表最好不用或贴上温差标记。

四、孵化机温差的测试

在孵化前,应弄清孵化机内各个不同部位的温差情况。其测试方法:在机内的蛋架装满空的蛋盘,用校对过的温度计固定在孵化机的上、中、下、左、中、右、前、中、后的位置。将蛋架翻蛋转至一侧,通电、风机正常运转,机内温度控制为 37.8 ℃左右,恒温半小时后,取出温度表,记录各点的温度,再将蛋架翻转至另一侧,如此反复各 2 次,即可了解孵化机内的温差及其与翻蛋的关系。

五、孵化室、孵化器的消毒

孵化室地面、墙壁、天花板应彻底消毒。孵化室墙壁要能经得起用高压冲洗来消毒。在每批孵化前,孵化机内必须彻底清洗(图 2-3-1),并用福尔马林熏蒸,也可用消毒液喷雾消毒(图 2-3-2)。其孵化器消毒方法:先用清水洗刷孵化器,再用新洁尔灭溶液擦拭,把孵化器温度升到 25～27 ℃，相对湿度为 75%～80%，按每立方米用福尔马林 42 mL，高锰酸钾 21 g，密闭熏蒸 20～30 min，再打开机门，待药味排净后再关上机门继续升温到孵化所需温度。

图 2-3-1 清洗孵化机

图 2-3-2 消毒孵化机

六、种蛋预热

种蛋预热的目的是静止的胚胎有一个缓慢的苏醒过程，以减少突然高温造成死精蛋过多，并减缓入孵初期的孵化器温度下降，防止蛋面形成水珠，以利于提高孵化率。在入孵前，将种蛋在 22～25 ℃的环境中放置 12～18 h 或在 30 ℃环境中预热 6～8 h。

七、种蛋码盘

将种蛋钝端朝上、锐端朝下放置在孵化盘上，这被称为码盘。码盘同时挑出破壳蛋、裂纹蛋等。

八、种蛋消毒

种蛋入孵前 12 h 内应熏蒸消毒 1 次。具体方法同前所述。

【实践案例二】

孵化场安排你担任技术员管理一批入孵种蛋，你将如何做好机器孵化日常管理及出雏处理呢？

【实施过程二】

机器孵化管理过程

一、上蛋入孵

(一) 入孵的时间

最好在下午 4:00 以后，这样可使大批出雏在白天，以便于工作。在整批入孵时，将装有种蛋的孵化盘插入蛋架车推入孵化器内；在分批入孵时，装新蛋与老蛋的孵化盘应交错放置，注意保持孵化架重量的平衡。

(二)入孵批次

一般在整批入孵时,每周入孵 2 批,分批入孵时 3～5 d 入孵一批。

(三)种蛋熏蒸消毒

一般在入孵后,对种蛋再熏蒸消毒 1 次,方法同前述。熏蒸消毒时,孵化机正常运转,关闭进出气口,消毒结束后再打开排气口,排出气体。消毒时间为 20～30min,应注意避开 24～96 h 胚龄的胚蛋。

二、孵化日常管理

(一)温度观察与调节

孵化机温度调节器在种蛋入孵前已经调好定温,之后不要轻易变动。每隔 1～2 h 检查一次孵化机内温度,并记录 1 次温度。判断孵化机温度是否合适,除观察门表温度外,还应结合照蛋来观察胚胎发育情况。当温度异常时,要及时检查调整(图 2-3-3)。

(二)湿度观察与调节

(1)非自动调湿　非自动调湿应每天向水盘内加水。水盘内水量应保持不少于 1/2。

(2)自动调湿　自动调湿依靠供湿器提供湿度,要注意水质。水应该经过滤或软化,以免堵塞喷头。湿度计的纱布应保持浸泡在水中,并应经常清洗或更换,以免影响水分蒸发。

(三)通风调节和翻蛋

在整批入孵的前 3 天,进出气孔可不打开,尤其是冬天。随着胚龄的增大,逐渐打开进、出气孔,出雏期间全部打开进出气孔。分批入孵进出气孔可打开 1/3～2/3。

在孵化过程中,必须定时翻蛋(图 2-3-4)。根据孵化器的性能和翻蛋角度,决定翻蛋的间隔时间。一般每隔 1～2 h 翻蛋 1 次。温差小、角度大的翻蛋可每隔 2 h 翻蛋 1 次;温差大,角度小的翻蛋应每隔 1 h 翻蛋 1 次。

图 2-3-3　检查孵化机温度

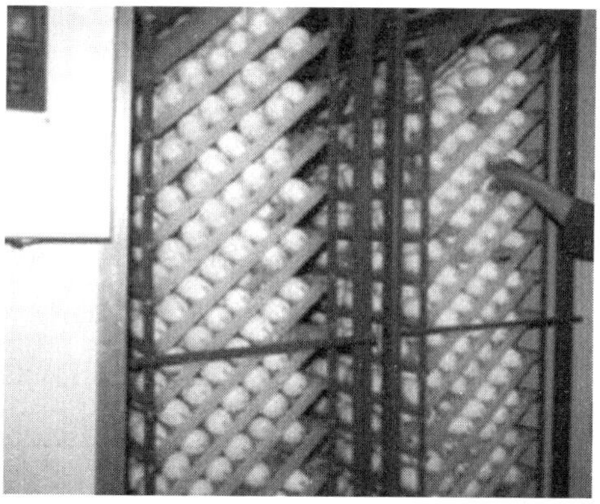

图 2-3-4　翻蛋

在手工翻蛋时,动作要轻、稳。在每次翻蛋时,要留意观察蛋架是否平稳。发现异常的声响和蛋架抖动要立即停止翻蛋,查明原因,故障排除后再进行翻蛋。自动化程度高的孵化机一种是全自动翻蛋,每隔 1～2 h 翻蛋 1 次;另一种是半自动翻蛋,需要按动左右翻蛋按钮完成翻蛋全过程。

(四)孵化记录

为了使孵化工作顺利进行,正确统计孵化成绩,及时掌握孵化情况和便于工作总结分析,应及时认真填好各种记录表格(表 2-3-7 至表 2-3-9)。

表 2-3-7 孵化工作日程

品种	批次	入孵	入孵种蛋数	照蛋	出雏器消毒	移盘	出雏	雌雄鉴别	接种疫苗	接雏

表 2-3-8 孵化日常管理记录

时间	机器情况					孵化室		停电	值班员
	温度	湿度	通风	翻蛋	凉蛋	温度	湿度		

表 2-3-9 孵化记录

批次机号	入孵日期	品种	入孵数量	头照			二照		出雏				受精率	受精蛋孵化率	入孵蛋孵化率	健雏率
				死精	死胎	破损	死胎	破损	移盘数	死胚数	弱雏数	健雏数				

三、凉蛋操作

孵化鸭、鹅蛋必须凉蛋。鸡蛋则根据孵化机性能、孵化季节、孵化制度等因素灵活掌握。根据红绿灯亮的时间长短及门表温度显示来判断是否需要凉蛋。如果绿灯长时间发亮,门表温度超出孵化温度,说明胚蛋出现超温,应及时打开机门或将蛋架从机内拉出凉蛋。

四、照蛋操作

照蛋之前应提高孵化室温度,防止照蛋时间长引起胚蛋受凉和孵化机内温度大幅度下降。照蛋要稳、准、快。从蛋架车取下和放上蛋盘时,动作要慢、轻,放上蛋盘一定要卡稳。

(一)照蛋次数

在孵化期,照蛋2～3次,以便及时拣出无精蛋和死胚蛋,并观察胚胎发育情况。受精率、孵化率较高和孵化器先进的大型孵化厂,为节省工时减轻劳动强度可只照蛋一次或进行抽样照蛋。

图 2-3-5 照蛋

(二)照蛋方法

将蛋架放平,抽取蛋盘摆放在照蛋台上,迅速而准确地用照蛋器按顺序进行照检(图 2-3-5),并将无精蛋、死胚蛋、破蛋拣出,空位用好蛋填补或拼盘。在抽、放蛋盘时,应有意识地上下、左右对调蛋盘。整批蛋照完后对被拣出的蛋进行一次复照。记录无精蛋、死精蛋及破蛋数,登记入表,计算种蛋的受精率和死胚率。

五、移盘操作

禽蛋孵化到一定日龄,将胚蛋从孵化器的孵化盘移到出雏器的出雏盘的过程称为移盘(或落盘)。

(一)移盘时间

鸡为18～19 d,鸭为23～25 d,鹅蛋为26～27 d。具体移盘时间应当在禽胚中有1%左右开始出现啄壳时进行。

(二)移盘方法

一般采用扣盘法,包括人工操作和机器操作。把出雏盘扣在孵化盘上,同时向一个方向反转,将整盘蛋扣入出雏盘内(图 2-3-6)。目前也有使用真空吸蛋器将整盘蛋吸出,移入出雏器。移盘后最上层的出雏盘要加盖网罩,防雏禽出壳后窜出。移盘前调好温、湿度及通气孔,要求高湿、低温、通风好、黑暗、安静。在移盘工作完成后,应对工作区域进行清洗和消毒。

六、出雏操作

(一)拣雏

在正常情况下,鸡胚孵化到19 d后开始有少量啄壳出现,孵化到20 d时大量啄壳且有少量出雏,孵化到21 d出雏结束。在出雏结束后,让雏鸡在出雏器内再待3～4 h,将其绒毛烘干,然后开始拣雏。从工作安排和防疫注射等多方面考虑,用电孵化器出雏,集中一次拣雏是较适宜的方式(图 2-3-7)。

图 2-3-6 移盘(扣盘法)

图 2-3-7 拣雏

拣雏方法应将绒毛已干、脐部收缩良好的雏禽迅速拣出，同时拣出空蛋壳。在出雏后期，应将已破壳的胚蛋并盘，放在出雏器上部，以促使弱胚尽快出雏。

(二)人工助产

雏鸡一般不进行人工助产。水禽出雏后期可将内膜已枯黄或外露绒毛已干、雏禽在壳内无力挣扎的胚蛋，在头部位置轻轻剥开，将其头部拉出，使其自行出壳。

七、孵化器具清洗消毒

(一)清洗用具

在出雏结束后，将出雏室、出雏机、出雏盘进行彻底清洗。

(二)消毒用具

在所有出雏器具被清洗完毕后，消毒出雏盘和出雏机，以备下次出雏时使用。消毒方法可选用任何一种消毒药物进行喷洒，也可采用甲醛熏蒸法进行消毒。

【知识拓展】

摊床孵化法是我国传统的孵化方法之一。在鸭、鹅蛋的孵化上，在前期多数采用电机孵化，后期多数采用摊床孵化的方式。

一、摊床设备

摊床多为多层床式木质结构(图 2-3-8)，一般为 2 层或 3 层摊床，高为 1.5～1.8 m、宽为 2 m 左右，层间距离为 60～80 cm。摊床上放一层厚为 6～10 cm 的碎稻草或锯木等，摊平后上面铺一层草席，摊床还配有棉被、单被、毛毯、白布等覆盖物，供不同季节、不同气候条件下选用。

图 2-3-8　摊床

二、摊床孵化管理

(一)上摊

1. 上摊时间

上摊时间因不同品种、不同季节等因素有所不同。采用电孵化机孵化的胚蛋应在封门后(鸭蛋 14 d，鹅蛋 16 d)可移至摊床上继续孵化，称为上摊。但在气温较低的冬季和早春，上摊床时间可推迟。

2. 排蛋

在上摊前 30 min，应将孵化机温度提高至 38 ℃左右，然后关机。先照蛋捡出死胚蛋。因为死胚蛋温度低，在摊床上会使它周围的胚蛋温度降低甚至死亡。照蛋后将胚蛋搬至摊床上进行排蛋。

一般只排一层，大头向上斜排，再按各个蛋的发育情况和大小而相应调整位置(图 2-3-9)。发育慢、个大的胚蛋放在中间，发育快的胚蛋排在周围。

(二)摊床日常管理

1. 温度调控

蛋排好后,摊床边缘用棉条把全部胚蛋严密围住。覆盖物的多少根据天气调整。摊床外吊挂毯或布遮挡,围成一个小气候环境(图 2-3-10)。密切注意蛋温的变化,以避免因覆盖物过多而被闷死,又要防止因保温不够或采取过度的降温措施导致摊床和胚蛋的温度急剧下降。摊床调节温度有 3 种方法:翻蛋、增减覆盖物和摆蛋层数及密度。

图 2-3-9 上摊排蛋

图 2-3-10 摊床内小气候环境

(1)翻蛋 又称轮摊。将心蛋和边蛋的位置互换(图 2-3-11),一般每昼夜翻蛋 2 次,翻蛋次数主要应根据边蛋与心蛋的温差来确定。如果边蛋与心蛋温差太大,应增加翻蛋次数;如果温差小,应减少翻蛋次数。在翻蛋时,两人在摊床两边面对面操作,两手伸向心蛋,将其往边上拉,再将两臂靠着席子,两手伸开呈直角,将边蛋往中心推,直到全批蛋翻后,再盖上棉被等覆盖物。

图 2-3-11 轮摊

由于孵化后期胚蛋温度容易骤然升高,轮摊是很重要的工作环节。轮摊后要及时调整覆盖棉被的层数。

(2)增减覆盖物 通过覆盖物的增减,胚胎获得适宜的温度,这是摊床管理的关键。随着胚龄的增加,覆盖物由多到少,由厚到薄,盖的时间由长到短。在气温较低的冬季和早春要多盖,午后及上半夜少盖。当气温下降时,由覆盖物的多少以及蛋温情况决定下一次覆盖物的厚薄。在上摊升温后,每隔 2～3 h 检查 1 次温度,勤掀勤盖。

(3)摆蛋层数及密度 在初上摊时,叠放 2 层,随着胚龄的增加,自温能力加强,上层胚蛋可降低密度或中心蛋放 1 层,边蛋放 2 层。17 d 后可平放 1 层,边蛋应靠紧些,密度大些,中心蛋放松些。在摊床孵化期间,应及时捡出死胚蛋,否则会因其温度低而影响周围胚蛋的发育。

2. 日常胚蛋检查

(1)检查次数 根据胚蛋发育的特点,确定每天检查次数。上摊头 3 d,胚蛋自温能力不强，可以每隔 3 h 检查 1 次温度。随着蛋温的升高，可每 2 h 检查 1 次。在要出壳时，要随时检查，更应勤掀勤盖。

(2)检查项目

①检查胚龄。胚龄越大，自温能力越强，特别是在“封门”以后，胚蛋自发温度大大提高，因此随胚龄增大，覆盖物由多到少，由厚到薄，覆盖时间由长到短。

②检查外界温度。冬季和早春的气温和室温较低，要适当多盖，盖的时间略长些；夏季外面的温度高，适当少盖，盖的时间短些；早晨及下半夜外面的温度低，适当多盖；中午及上半夜，要适当少盖。

③检查覆盖物和蛋温。应根据蛋温的高低或适中等不同情况，适时增减覆盖物。一般边蛋的蛋温正常，则翻蛋后仍按原物覆盖；边蛋的蛋温略低，翻蛋后就多盖一些。待蛋温升高后，再适时减盖，以免超温。如盖后蛋温不均，就要将盖被抖凉后再盖。

④检查胚胎发育。摊床温度掌握是否合适，主要观察胚胎发育是否达到标准长相。如果上摊前胚蛋及时“合拢”，则上摊后的温度按正常掌握；如“合拢”推迟，则摊床温度应略高些；如胚蛋“合拢”较标准长相提早，则摊床温度应略低些。鹅蛋孵至 23 天要特别注意，最好照蛋观察。一般是“封门”前温度略高些，“封门”后温度略低些。

(三)出雏期管理

1. 拣雏

待雏禽绒毛半干或将干时即可以开始出雏，每隔 4 h 拣雏 1 次，将已出雏的雏禽拿走，并随后清除摊床上的蛋壳，以免套住雏禽的头部和降低周围胚蛋的温度(图 2-3-12)。

图 2-3-12　拣雏

2. 未出雏胚蛋的保温

随着出壳雏禽的增多，摊床上所剩余的胚蛋相对减少。要及时将它们收集在一起，在其周围用棉条围好，上面盖上被单，加以保温。

3. 破壳胚蛋的护理

将破壳位置在下面的胚蛋及时翻转向上。其原因是壳内胎水多，黏性大，从蛋壳底部的破口流出，一接触暖气就很容易凝结，塞住破口或粘住雏禽的喙部，如不及时翻转，常将雏禽闷死在蛋壳内。

4. 人工助产

有些弱胚虽然有啄壳，但是没有足够的力气出壳，就必须施行人工助产。在小头破壳，壳膜发黄，有的已见粘连，外露绒毛已经发干的鹅胚，也要助产。人工助产方法：人工助产一般于出雏后期进行，即应在胚蛋外壳膜已干，而内壳膜已变黄色的时间进行；小心避开壳膜剥离蛋壳，将胚胎的头部由翅下拉出，任其自然挣出；切忌撕裂内壳膜，一见血管露出或流血，应立即停止，待过一段时间再行助产。

5. 雏禽护理

雏禽应在绒毛半干或将干时从摊床取出，然后集中在竹质或用厚纸皮做的运雏箱里，用毛毯盖好，保温防风。

【职业技能测试】

一、填空题

1. 种蛋入孵前要进行________，以减少突然高温造成死精蛋过多。

2. 孵化器在孵化前要进行检修，待孵化机________________，方可入孵。

3. 将种蛋________放置在孵化盘上称为码盘。

4. 家禽孵化期：鸡________ d，鸭________ d，鹅________ d。

5. 孵化条件是指________、________、________、________、________。

6. 孵化时翻蛋的目是________、________、________。

7. 翻蛋的要求是每________ h 翻蛋一次，鸡蛋翻蛋角度________，鸭鹅蛋翻蛋角度________。出雏期________翻蛋。

8. 种蛋在孵化过程中对湿度的要求是孵化期为________，出雏期为________。

9. 种蛋在孵化过程中对通风的要求是孵化初期________，随胚龄增加应________，到孵化后期________。

10. 种蛋入孵的时间最好在________以后，这样可使大批出雏在白天，以便于工作。

11. 移盘时间：鸡为________ d，鸭为________ d、鹅为________ d，具体移盘时间应当在禽胚中有________左右开始出现打嘴时进行。

12. 非自动调湿应每天向水盘内加水。水盆内水应保持不少于________。

二、简答题

1. 种蛋预热方法有哪些？

2. 种蛋的孵化条件有哪些？应如何控制？

3. 照蛋时应如何操作？

任务四　孵化效果的检查与分析

【学习目标】

孵化效果的检查和分析是全面了解孵化生产的手段之一，也是对种蛋及种禽场生产情况的直接反映。必须在家禽孵化生产中对受精率、孵化率、胚胎发育情况进行检查，查找出原因，分析问题，总结经验，并及时采取措施，以便取得更好的孵化效果。

【必备知识】

家禽胚胎的发育

一、母体内的发育

卵子在输卵管伞部受精形成受精卵，不久后即开始发育，到鸡蛋产出体外为止，约经 24 h 的不断分裂而形成一个多细胞的盘状。故受精蛋可见一个白色的圆盘状，这个白色的圆盘状被称为胚盘。无精蛋则为白色圆点，这个白色圆点被称为胚珠。胚盘是胚胎发育的原基。胚胎开始发育并形成 2 个不同的细胞层，在外层的细胞层叫外胚层，内层的细胞层叫内胚层。鸡胚形成两个胚层之后蛋即产出，遇冷暂时停止发育。

二、孵化胚胎发育的外部特征

胚胎发育过程相当复杂，其主要特征如表 2-4-1 所列。

表 2-4-1　胚胎发育过程　d

鸡	鸭	鹅	胚胎发育及照蛋特点
1	1.5	1～2	消化道、脑、脊索、神经管形成，称“鱼眼珠”
2	2.5～3	3～3.5	由卵黄囊、羊膜、绒毛膜、心脏、静脉形成，称“樱桃珠”
3	4	4.5～5	尿囊、鼻、翅膀、腿形成或眼色素出现，称“蚊虫珠”
4	5	5.5～6	羊膜腔形成，胚头部增大，胚与卵黄囊分离，血管心脏出现，称“小蜘蛛”
5	6	7	生殖腺分化，眼色素大量沉着，照蛋见胚胎眼点，称“起珠”
6	7～7.5	8～8.5	喙形成，腿和翅分化，羊膜平滑肌收缩，胚胎运动，称“双珠”
7	8～8.5	9～9.5	卵齿出现，肌胃，绒毛初现，胚胎已显鸟类特征，胚胎在羊水中“下沉”
8	9～9.5	10～10.5	肋、肝、肺、胃可见，母胚右侧卵巢退化，胚胎在羊水中“浮动”
9	10.5～11	11.5～12	喙开始角质化，软骨开始骨化，趾分离，尿囊包围整个胚胎，称“窜筋”
10～11	13～14	15～16	龙骨形成，背部现绒毛，腺胃明显，出现冠齿，尿囊血管加粗伸向小头，称“合拢”
12	15	17	躯体全部覆盖绒毛，肾、肠开始有功能，胚胎用嘴吞食蛋白
13	16	18	绒毛覆盖躯体大部分，出现足鞘，蛋白进入羊膜腔，蛋小头发亮
14～16	17～19	19～22	胚胎从横位转为倒立，头向气室，翅和体内器官大部分形成，小头发亮渐少
17	20～21	23～24	喙转向气室，两腿抱头姿势，蛋白全部进入羊膜腔，小头不发亮，称“封门”
18	22～23	25～26	胚胎头弯在右翼下转身，胚胎生长接近完成，气室向一侧倾斜，称“斜口”
19	24.5～25	27.5～28	卵黄囊经脐带进入腹腔，喙伸入气室开始呼吸，开始喙壳，颈翅突入气室
20	25.5～27	28.5～30	余下卵黄囊完全进入腹腔，原羊膜失去作用，喙伸入气室大量啄壳

【实践案例一】

从事人工孵化的技术员必须熟练掌握胚胎每天发育标准，如果你作为从事人工孵化的技术员如何正确对照每日发育标准，做好每日照检胚胎发育工作呢？

【实施过程一】

孵化效果检查

在孵化过程中，要定期进行生物学检查，及时了解受精、发育等情况，并对发育不正常的情况进行分析，查找原因，及时采取措施，以期获得最佳的孵化成绩。

一、照蛋

在生产中，孵化效果的检查主要是通过照蛋进行。照蛋时间和胚胎主要特征见表 2-4-2。

表 2-4-2 照蛋时间和胚胎特征

照蛋	时间/d			胚胎特征
	鸡	鸭	鹅	
头照	5～6	6～7	7～8	起珠
抽检	10～11	13～14	15～16	合拢
二照	18～19	25～26	27～28	闪毛

(一)头照

头照检查胚胎发育是否正常，并拣出无精蛋、死精蛋。

1. 发育正常胚蛋

胚胎发育呈蜘蛛形，血管网鲜红，扩散面大，呈放射状，胚胎下沉或隐约可见，可明显看到胚胎的黑色眼点，俗称“起珠”(图 2-4-1)。

2. 弱精蛋

血管纤细，颜色较淡，扩散面小，胚胎小，起珠不明显(图 2-4-2)。

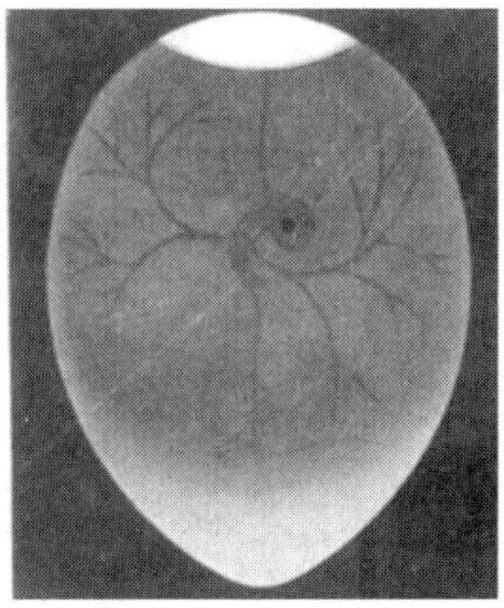

图 2-4-1 头照正常胚蛋“起珠”

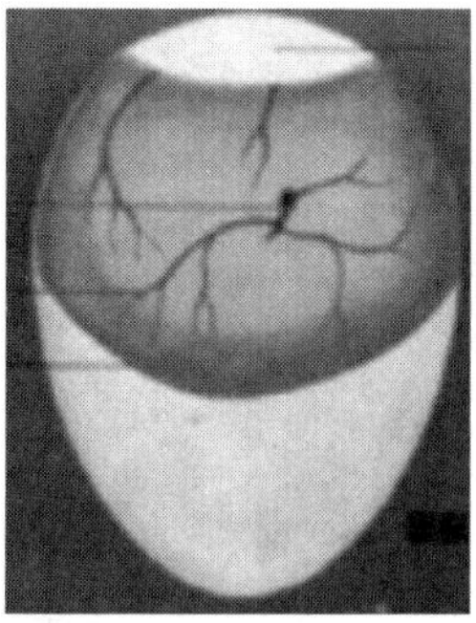

图 2-4-2 头照弱精蛋

3. 无精蛋

整个蛋内透亮，没有任何血管，有时只见蛋黄的影子(图 2-4-3)。

4. 死精蛋

只见不规则的血线或血弧、血圈、血点，无血管分支，有时可见死胚的小黑点贴壳不动（图 2-4-4）。

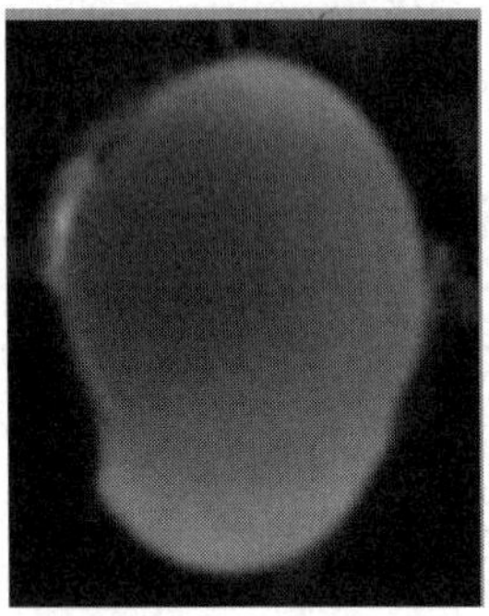

图 2-4-3　头照无精蛋

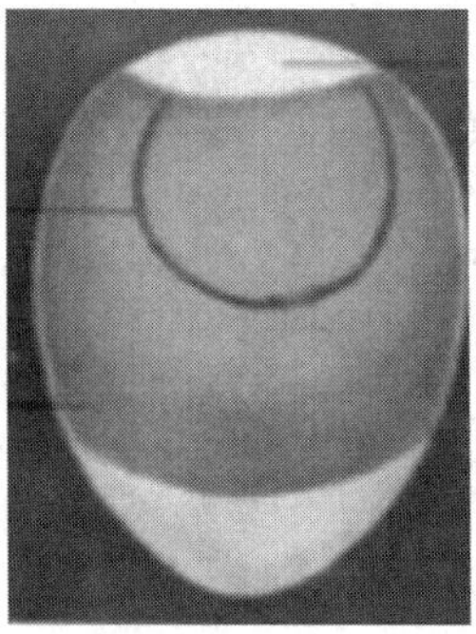

图 2-4-4　头照死精蛋

(二)抽查

一般只抽查少量进行检查，了解胚胎发育情况。

1. 发育正常胚蛋

尿囊在蛋的小头端合拢并包围蛋内所有内容物，蛋小头端布满血管，俗称“合拢”(图 2-4-5)。

2. 弱胚蛋

尿囊尚未合拢，蛋的小头发白。

3. 死胚蛋

蛋两头呈灰白，中间漂浮灰暗的死胎或者沉落一边，血管不明显或破裂。

(三)二照

二照主要检查胚胎发育是否正常，根据胚胎发育情况，确定移盘的时间。

1. 发育正常胚蛋

气室边界弯曲、倾斜，交界处起伏，有黑影闪动。除气室外，胚胎已占满蛋的全部容积，在气室下方看到的较粗的血管和胚胎转动，俗称“闪毛”(图 2-4-6)。

2. 弱胚蛋

气室小，边缘平齐，黑影距离气室边缘较远，可见红色的血管，胚蛋小头浅白发亮。

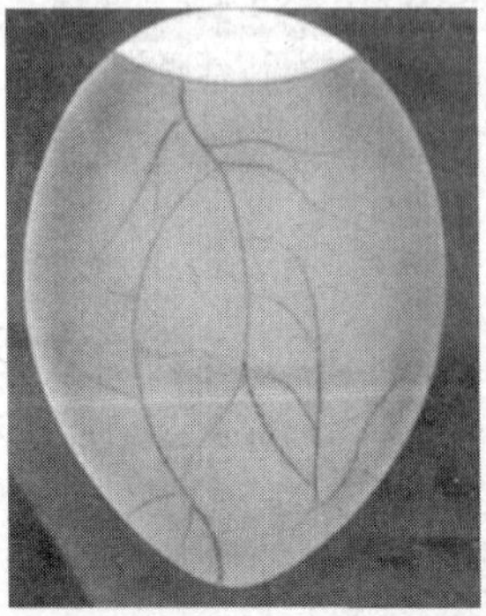

图 2-4-5　抽查正常胚蛋“合拢”

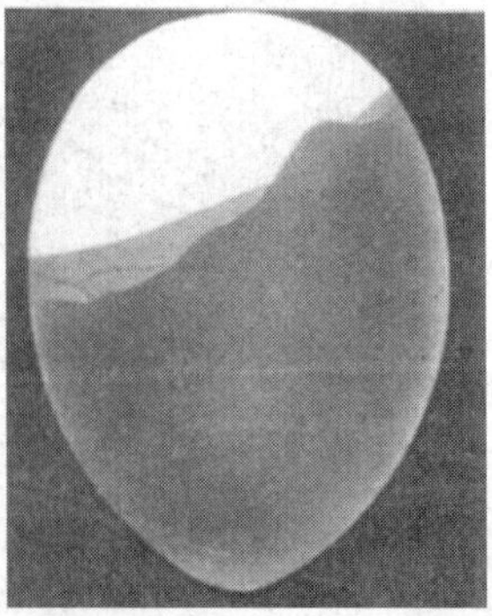

图 2-4-6　二照正常胚蛋“闪毛”

3.死胎蛋

气室小而不倾斜，边缘模糊，颜色淡灰或黑暗，胚胎不动，见不到闪毛。

二、检查蛋失重和气室变化

在孵化过程中，蛋内水分蒸发，胚蛋重量逐渐减轻。在鸡胚孵化的1～19 d，胚蛋失重为10%～13%，平均每天减重为0.55%。如蛋的失重超过标准过多，则说明照蛋时的气室很大。其原因可能与孵化湿度过低，水分蒸发过快有关；如蛋的失重低于标准过多，则说明气室小。其原因可能与湿度过大，蛋的品质不良有关。

对于胚蛋失重的测定，在孵化前先称一个孵化盘重量，将种蛋码在该孵化盘内称其总重，减去孵化盘重量，得出总蛋重。以后定期称重，求减轻的百分率。

三、啄壳和出雏情况

当孵化正常时，啄壳、出雏时间较一致。如鸡胚一般21 d即全部出齐，出雏高峰明显。当孵化不正常时，出雏时间不一致，时间拖得长，无明显的出雏高峰，第22天还有较多未破壳蛋。

四、初生雏的观察

雏禽在出壳后主要从精神状态、脐部愈合、蛋黄吸收、体重大小、绒毛色泽亮度、健雏率等方面检查孵化效果。健雏精神活泼，结实有力，蛋黄吸收良好，脐部愈合良好平齐、干燥且被绒毛覆盖，腹部平坦；体重适中，大小均匀，绒毛干净有光泽，胫趾色泽鲜艳。

弱雏则绒毛污乱，脐部潮湿带有血迹，精神不振，叫声无力，反应迟钝，体重过轻或腹部过大。此外，还应注意有无畸形，如弯喙、蛋黄未吸收、脐带开口流血等情况。

五、死胎的病理剖检

如果种蛋品质和孵化条件不良，死胎一般就会出现病理变化。在孵化结束清理出雏器时，应剖检死胎进行检查。在检查时，判断死亡日期，注意皮肤、肝、胃、心脏等器官，胸腔及腹腔的病理变化，如充血、贫血、出血、水肿、肥大、萎缩、变性、畸形等，以确定胚胎死亡原因。对啄壳前后死亡的胚胎还要观察胎位是否正常。正常胎位应该是头颈部埋在右翅下。

【实践案例二】

某孵化车间入孵一批鸡蛋共10 000枚，头照时检出无精蛋500枚，共出壳健康雏鸡8 890只，弱雏66只。你如何计算这批种蛋的受精率、入孵蛋孵化率、受精蛋孵化率？

【实施过程二】

一、计算孵化效果的衡量指标

(1)受精率＝受精蛋数÷入孵蛋数×100%

受精蛋数包括发育正常的胚蛋和死精蛋，是检查种禽饲养质量的重要指标。高水平应达95%以上。

(2)早期死胚率＝入孵至头照时的死胚数÷受精蛋数×100%

早期死胚率应为2%以下。

(3)受精蛋孵化率＝全部出壳雏数÷受精蛋数×100％

出壳雏数包括健雏、弱雏、残雏和死雏数。受精蛋孵化率是衡量孵化效果的主要指标。高水平应达95％以上。

(4)入孵蛋孵化率＝全部出壳雏数÷入孵蛋数×100％

入孵蛋孵化率是衡量孵化效果的综合指标，即能反映种禽场饲养水平，也可反映孵化场的孵化效果。高水平应达85％以上。

(5)健雏率＝健雏数÷全部出壳雏数×100％

高水平应达96％以上。

(6)死胎率＝死胎蛋数÷受精蛋×100％

死胎蛋是指出结束后扫盘时还没出壳的胚蛋，也称为毛蛋。死胎率一般应为5％以下。

二、胚胎死亡曲线的分析

在正常情况下，孵化期间有2个死亡高峰。根据死亡胚龄和死亡率绘制死亡曲线图，如死亡曲线分布异常，则需要仔细进行分析。

第1个死亡高峰为孵化前期(鸡胚3～5 d，鸭胚4～6 d，鹅胚6～7 d)；第2个死亡高峰为孵化后期(鸡胚18～20 d、鸭胚24～27 d、鹅胚25～28 d)。2个时期胚胎的死亡率较高，特别是第2个死亡高峰时期。

比较好的孵化成绩：入孵蛋孵化率达85％，无精蛋不超过5％，头照死胚率不超过2％，二照死胎率为2％～3％，移盘后的死胎率为6％～7％。

三、影响孵化效果的原因分析

影响孵化效果的原因主要是种禽饲养管理不良、种蛋管理不当和孵化条件不合适。孵化初期的死亡率过高的原因可能是种蛋保存不好、种禽患病、孵化温度过高或过低、翻蛋不足等；孵化中期的死亡率过高的原因多是种禽营养不良；孵化后期的死亡率过高的原因多是孵化条件不良造成，啄壳未出的死蛋较多(表2-4-3)。检查和分析的方法较简单。只要在每次照蛋、移盘、出雏和清理死胎时多加留意即可做到。

表2-4-3　孵化不良原因分析

原因	新鲜蛋	第1次照蛋(5～6 d)	抽查(10～11 d)	第2次照蛋(19 d)	死胎	初生雏
维生素A缺乏	蛋黄淡白	无精蛋多，死亡率高	发育略迟缓	生长迟缓、肾有盐类结晶的沉淀物	肾及其他器官有盐类沉淀物，眼睛肿胀	带眼病的弱雏多
维生素D缺乏	蛋壳薄脆蛋白稀薄	死亡率略有增高	尿囊发育迟缓	死亡率显著增高	胚胎有营养不良的特征	出壳拖延，初生雏软弱

续表 2-4-3

原因	新鲜蛋	第 1 次照蛋（5～6 d）	抽查（10～11 d）	第 2 次照蛋（19 d）	死胎	初生雏
维生素 B_2 缺乏	蛋白稀薄	—	发育略迟缓	死亡率增高，蛋重损失少	死胚有营养不良的特征，绒毛卷缩，脑膜浮肿	很多雏鸡的颈和脚麻痹，绒毛卷起
陈蛋	气室大，系带和蛋黄膜松弛	很多鸡胚在 1～2 d 死亡。剖检时胚盘的表面有泡沫出现	发育迟缓	发育迟缓	—	出壳时间拖长
冻蛋	很多蛋的外壳破裂	在第一日龄死亡率高，蛋黄膜破裂	—	—	—	—
运输不良	打碎的多气室流动	—	—	—	—	—
前期过热	—	多数发育不好，不少胚胎充血、溢血、异位	尿囊早期包围蛋白	异位，心、胃、肝变形	异位，心、胃、肝变形	出壳早
后半期长时间过热	—	—	—	啄壳较早	很多胚胎破壳死亡，但未吸入，残留浓蛋白，胚胎心脏充血、缩小	出壳较早，但拖延时间长，雏鸡绒毛黏着，脐带愈合不良
温度不足	—	生长发育非常迟缓	生长发育非常迟缓	生长发育非常迟缓，气室边界平齐	尿囊充血，心脏肥大，蛋黄吸入，但呈绿色，肠胃内充满蛋黄和粪	出壳晚而拖延，幼雏不活泼，脚站立不稳，腹大，有时下痢
湿度过大	—	—	尿囊合拢迟缓	气室边界平齐，蛋重损失小，气室小	在啄壳时喙粘在蛋壳上，嗉囊、胃和肠充满液体	出壳晚而拖延，绒毛粘连蛋液，腹大
湿度过足	—	死亡率高，充血并粘在蛋壳上	蛋重损失大，气室大	—	外壳膜干而结实，绒毛干燥	出壳早，绒毛干燥，发黄，有时粘壳
通风换气不良	—	死亡率增高	在羊水中有血液	在羊水中有血液，内脏器官充血及溢血	在蛋的锐端啄壳	—
翻蛋不正常	—	蛋黄粘于壳膜上	尿囊尚未包围蛋白	在尿囊之外有剩余的蛋白	—	—

【知识拓展】

一、孵化过程中的发育

受精卵如果获得适宜的外界条件，胚胎将继续发育，很快在内、外胚层中间形成第 3 个胚层：中胚层，以后继续发育。内胚层、中胚层、外胚层 3 个胚层分别发育成新个体的所有组织和器官，因此胚胎发育分早期、中期、后期、出壳 4 个阶段。

(一)发育早期(鸡 1～4 d、鸭 1～5 d、鹅 1～6 d)

内部器官发育阶段。首先，形成中胚层；再次，由 3 个胚层形成雏禽的各种组织和器官。

1. 外胚层

外胚层形成皮肤、羽毛、喙、趾、眼、耳、神经系统以及口腔和泄殖腔的上皮等。

2. 中胚层

中胚层形成肌肉、生殖系统、排泄器官、循环系统和结缔组织等。

3. 内胚层

内胚层形成消化器官和呼吸器官的上皮及内分泌腺体等。

(二)发育中期(鸡 5～14 d、鸭 6～16 d、鹅 7～18 d)

外部器官发育阶段。脖颈伸长，翼、喙明显，四肢形成，腹部愈合，全身被覆绒羽、胫出现鳞片。

(三)发育后期(鸡 15～19 d、鸭 17～27 d、鹅 19～29 d)

禽胚生长阶段，胚胎逐渐长大，肺血管形成，卵黄囊收入腹腔内，开始利用肺呼吸，在壳内鸣叫、啄壳。

(四)出壳(鸡 21 d、鸭 28 d、鹅 30～31 d)

雏禽长成，破壳而出。

二、胎膜的发育及物质代谢

家禽的胚胎发育是一个极其复杂的生理代谢过程。促使胚胎能正常生长发育的内在环境是胎膜，也称胚外膜。其包括卵黄囊、羊膜、浆膜和尿囊 4 种(图 2-4-7)胚胎的营养和呼吸主要靠胎膜实现。

(一)卵黄囊

卵黄囊是包在卵黄外面的一个膜囊，在孵化的第 2 天开始形成。卵黄囊既是胚胎的营养器官，又是早期的呼吸器官和造血器官。当孵化到第 19 天时，卵黄囊及剩余卵黄开始进入腹腔；当孵化到第 20 天时，其完全进入腹腔。

(二)羊膜

羊膜是包在胎儿外面的一个膜囊，并充满透明的液体即羊水。在孵化后 33 h 左右开始出现。在羊膜腔中充满羊水所起的起缓冲作用使鸡胚不受损伤，并防止粘连，起到促进胎儿运动的作用。

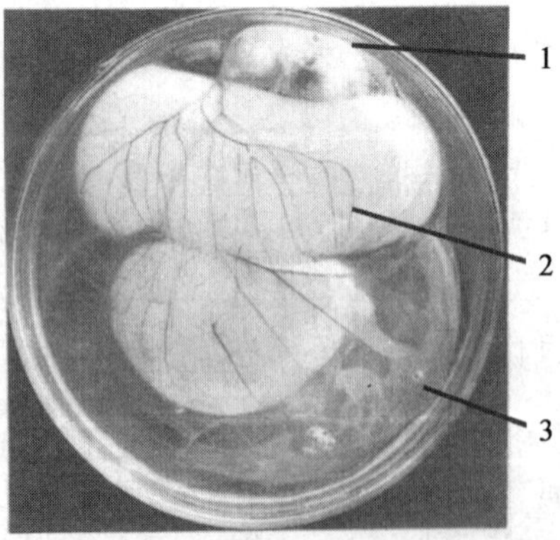

1. 羊膜；2. 卵黄囊；3. 尿囊和浆膜。

图 2-4-7　胎膜

(三)浆膜

浆膜与羊膜同时形成。其孵化到第 6 天紧贴羊膜和卵黄囊外面,以后由于尿囊发育而与羊膜分离,贴到内壳膜上,并与尿囊外层结合起来,形成尿囊浆膜。浆膜透明而无血管,因此打开孵化中的胚胎看不到单独的浆膜。

(四)尿囊

尿囊位于羊膜和卵黄囊之间,其在孵化的第 2 天开始出现,在孵化第 10~11 天包围整个胚胎内容物并在蛋的锐端合拢。尿囊的表面布满血管,胚胎通过尿囊血液循环吸收蛋白中的营养物质和蛋壳的矿物质,并于气室和气孔吸入外界的氧气,排出二氧化碳。尿囊到孵化末期逐渐干枯,内存有黄白色含氮排泄物,在出雏后残留于蛋壳里。

【职业技能测试】

一、填空题

1. 家禽胚胎发育分为________和________ 2 个阶段。

2. 从形态上孵化过程胚胎发育可分 4 个阶段:1~4 d 为________阶段;5~14 d 为________阶段;15~20 d 为________阶段;21 d 为________阶段。

3. 胚胎发育早期形成________、________、________、________ 4 种胎膜。

4. 鸡蛋孵化第 5 天,胚胎眼部的黑色素大量沉积,照蛋时可明显看到黑色的,俗称________。

5. 鸡蛋孵化第 10 天,腿部鳞片睡趾开始形成,尿囊在蛋的小头端合拢。照蛋时除气室外整个蛋布满血管,俗称________。

6. 鸡蛋孵化第 18 天,羊水尿囊液明显减少,头弯曲在右翼下,眼开始睁开,胚胎转身,喙朝向气室。照蛋时可见黑影闪动,俗称________。

7. 在孵化过程中,由于蛋内水分蒸发,胚蛋重量________,气室________。

8. ________是胚胎发育的原基。

9. 当孵化正常时,鸡胚胎死亡以________日龄和________日龄 2 个时期较高,特别是最后一个时期尤较高。

10. 孵化初期的死亡率过高主要是________、________、________、翻蛋不足等原因。

11. 较好的孵化成绩,入孵蛋孵化可达________%,无精蛋不超过________%,头照中死率________%,二照死蛋率________%,移盘后的死胎率________%左右。

12. 影响孵化效果的原因主要是________不良,________不当或________不合适。

13. 孵化后期死亡率过高多是由________造成,________的死蛋较多。

二、简答题

1. 检查胚胎发育的方法有哪些?

2. 简述 3 次照蛋的时间及照蛋所见特征。

3. 无精蛋、死精蛋、弱精蛋的照蛋特征是什么?

4. 衡量孵化效果的技术指标有哪些?

5. 如何提高孵化效果?

任务五　初生雏的处理

【学习目标】

初生雏的处理是雏禽出场前的重要管理环节。应根据雏禽的外貌特征和精神状态，对雏禽进行分级，严格挑选出健雏进行免疫、雌雄鉴别、剪冠、切趾等工作，为客户提供优质雏禽。

【必备知识】

初生雏禽分级标准

雏鸡孵出后按强弱进行选择和分级，一般分为健雏、弱雏、残雏 3 个等级，也有的按正品、次品、品外分级。记录淘汰雏禽数、可售雏禽数、死胚数量。

一、健雏标准

活泼好动、眼亮有神，绒毛整洁有光泽，站立平稳；体重正常，腹部平坦、富有弹性（图 2-5-1）；卵黄吸收完整，无拖腹现象；脐部愈合良好，无结痂、潮湿现象；肛门干净不粘粪；发育健全、无歪嘴、交叉喙、瞎眼、多腿、仰脖、扭颈、劈叉、麻痹等。

二、弱雏标准

反应迟钝，眼无神或闭眼，两脚站立不稳，手握软弱无力，身轻体小，腹大而硬，脐带愈合不良或带血，肛门湿粘粪，喙脚颜色很淡，绒毛稀少或焦黄。弱雏单独装箱（图 2-5-2、图 2-5-3）。

三、残雏标准

体重过轻，羽毛脏湿或无羽毛；脐部黑色或出血，腿、眼和喙有残疾或畸形。一般不易养活，且易传染疾病，应全部淘汰（图 2-5-4）。

图 2-5-1　健雏

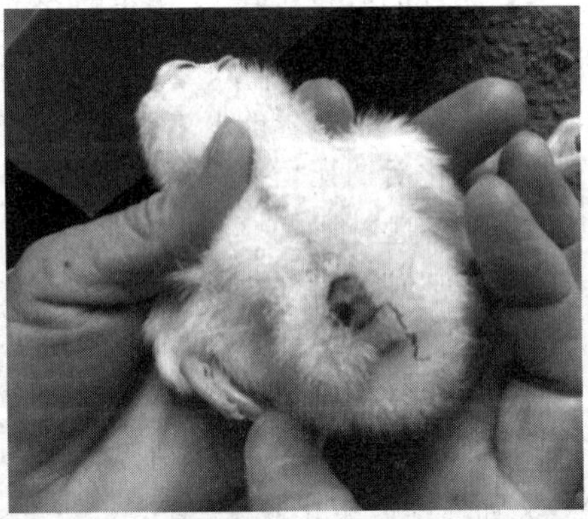

图 2-5-2　弱雏

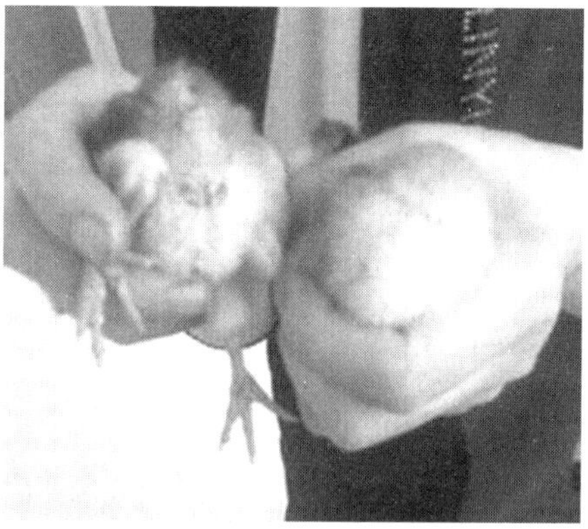

图 2-5-3 肛门粘粪的弱雏(左)

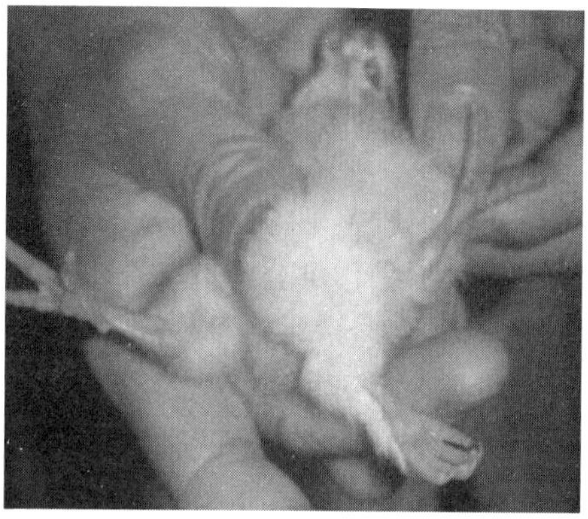

图 2-5-4 残雏

【实践案例一】

在孵化车间每天都有大批初生雏鸡出壳。如果你作为检雏员如何快速地对出壳的雏鸡进行选择和分级呢?

【实施过程一】

初生雏禽选择

初生雏禽的选择可采用“一看、二摸、三听”的方法,通过观察雏禽的精神活力、体重、卵黄吸收、脐部愈合、肛门及绒毛等外表形态来选择健康雏禽。

一、看

看就是观察雏禽的精神状态、卵黄吸收、脐部愈合、肛门及绒毛等。健雏活泼好动,眼亮有神,绒毛整洁光亮,腹部平坦柔软,脐部收缩良好。弱雏通常缩头闭眼,伏卧不动,绒毛蓬乱不洁,腹大松弛,腹部无毛且脐部愈合不好,有血迹、发红、发黑、钉脐、丝脐等。

二、摸

摸就是触摸雏禽的体温、腹部、体重等。将雏禽握于手掌中,如果感到雏禽温暖,体态匀称,腹部柔软平坦,挣扎有力,这便是健雏;如果感到雏禽身较凉,轻小,挣扎无力,腹大或脐部愈合不良,这就是弱雏。

三、听

听就是听雏禽的叫声。健雏叫声洪亮清脆。弱雏叫声微弱嘶哑或鸣叫不休,有气无力。

【实践案例二】

养殖户根据自己的经济实力、饲养管理技术水平及销售渠道不同,需要饲养不同性别的雏鸡。如果你作为初生雏鸡雌雄鉴别技术员,如何对初生雏鸡进行雌雄鉴别?

【实施过程二】

一、雏鸡的雌雄鉴别

雏鸡的雌雄鉴别(翻肛法)　根据初生雏有无生殖突起及其形态差异来鉴别雌雄的方法称为翻肛法。操作可分为以下 3 个步骤。

(一)抓雏、握雏

一般有夹握法和团握法。

1. 夹握法

右手朝着雏鸡运动的方向,掌心贴雏背将雏抓起,然后迅速移至左手,雏背贴掌心,肛门向上,用中指和无名指轻夹雏鸡颈部,用无名指和小指夹雏鸡两脚(图 2-5-5)。

2. 团握法

左手朝雏鸡运动的方向,掌心贴雏背抓起,雏背贴掌心,肛门向上,将雏团握在手中,雏的颈部和两脚顺其自然。团握法多为熟练鉴别员所采用(图 2-5-6)。

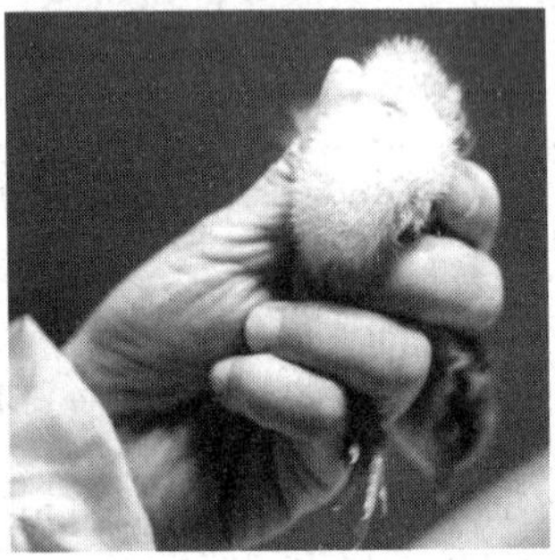

图 2-5-5　夹握法

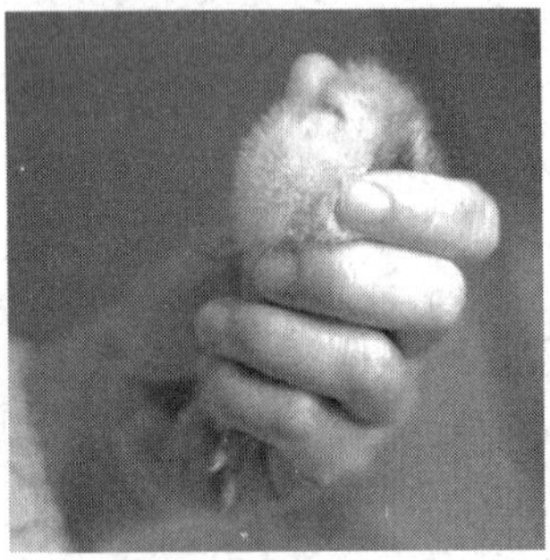

图 2-5-6　团握法

(二)排粪、翻肛

1. 排粪

左手拇指轻压雏鸡腹部左侧髋骨下缘,借助雏鸡的呼吸将粪便排入排粪缸(图 2-5-7)。

2. 翻肛

左手拇指移至腹部左侧,左手食指贴于雏背,右手食指放在雏鸡肛门右侧,右手拇指放在雏鸡肛门下方,右拇指沿直线往上顶推,右食指往下拉,往肛门处收拢,左拇指也往里收拢,三指凑拢一挤,即可翻开肛门(图 2-5-8)。

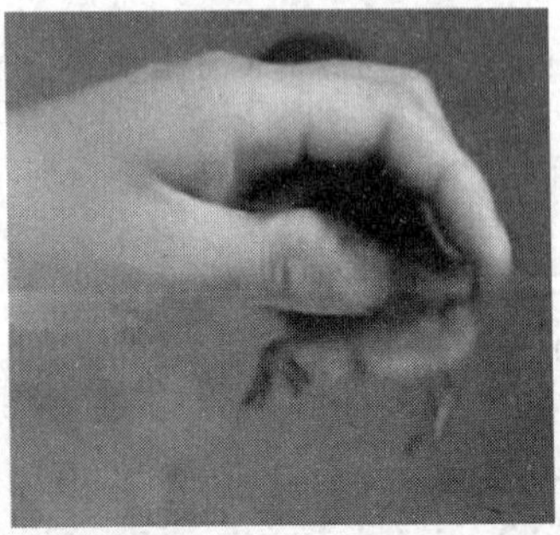

图 2-5-7　排粪

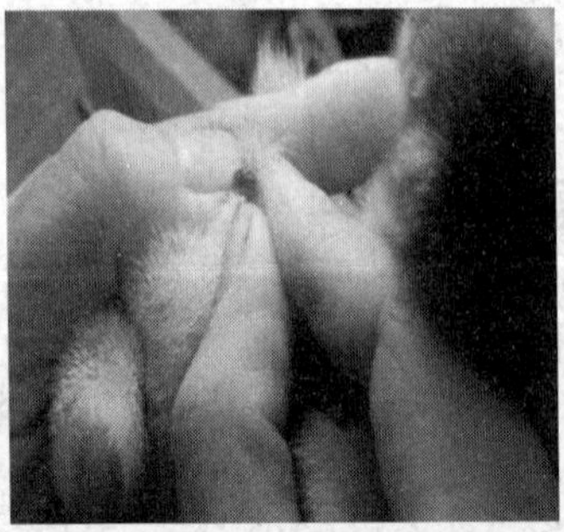

图 2-5-8　翻肛

(三)鉴别、放雏

根据雏鸡生殖突起的大小、形状及生殖突起旁边的“八”字形皱襞是否发达,来区别公、母。公雏的生殖突起充实饱满、光泽有弹性,不易变形,血管发达易充血(图 2-5-9)。母雏的生殖突起不饱满(图 2-5-10),表面软而透明,缺乏弹性。

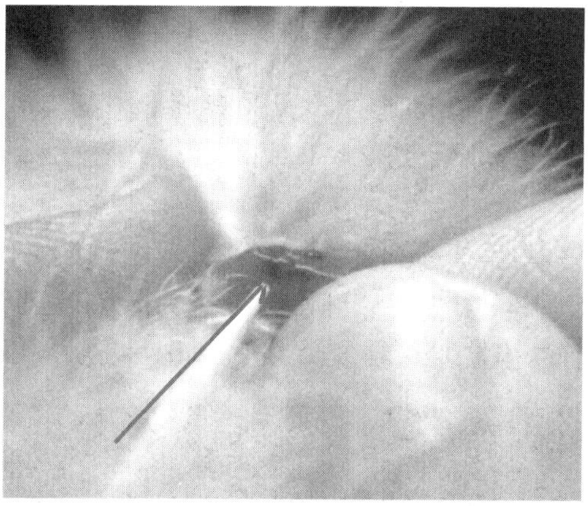

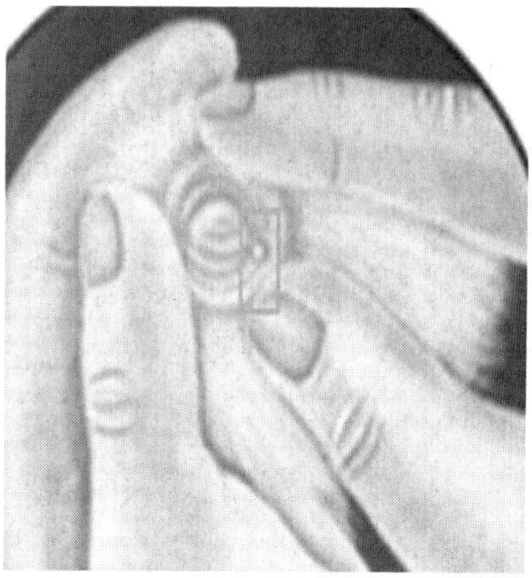

图 2-5-9　公雏(生殖突起明显)

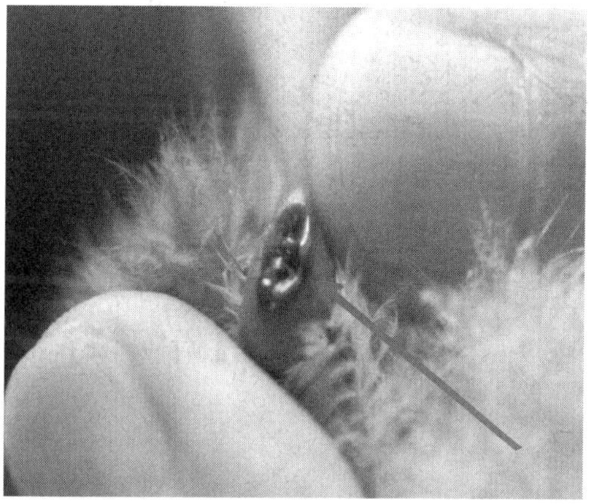

图 2-5-10　母雏(生殖突起不明显)

(四)翻肛鉴别的注意事项

①鉴别适宜的时间是在出壳后 2～12 h 内进行,最迟不超过 24 h,否则生殖突起开始萎缩,甚至陷入泄殖腔深处,难以进行鉴别。

②翻肛鉴别初生雏鸡的整个操作过程动作要轻、快、准。

③鉴别要在光线较强的地方进行,常采用在有反光罩的 40～60 W 乳白色灯泡下鉴别。

④如有粪便或渗出物排出,可用左手拇指或右食指抹去再行观察。如果难以分辨,就可用左手拇指或右手食指触摸,观察其充血和弹性程度来分辨公、母。

二、雏鸭、雏鹅的雌雄鉴别

初生的雏鸭和雏鹅的性别鉴定比较容易。鸭、鹅均有较发达的外部生殖器(阴茎)呈螺旋形,故一般通过翻肛、捏肛等方法鉴别雌雄。

(一)翻肛法

操作方法可与鸡的翻肛鉴别法相同。如果翻肛后在肛门下方见到螺旋形阴茎雏形即为公雏(图 2-5-11),反之,如不见螺旋形阴茎雏形即为母雏(图 2-5-12)。

(二)捏肛法

左手拇指和食指在雏鸭颈前分开握住雏鸭,右手拇指和食指轻轻在肛门两侧摸捏,如感到有突起物即为雏鸭的阴茎,可判断为这就是公雏;如手指感到平滑没有突起,可判断为这就是母雏。这种方法不需要翻泄殖腔,操作简便,但需要有较丰富的经验(图 2-5-13)。

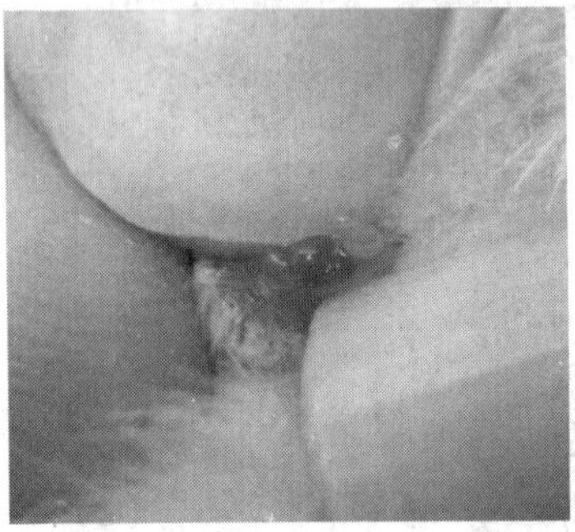

图 2-5-11　翻肛法公雏

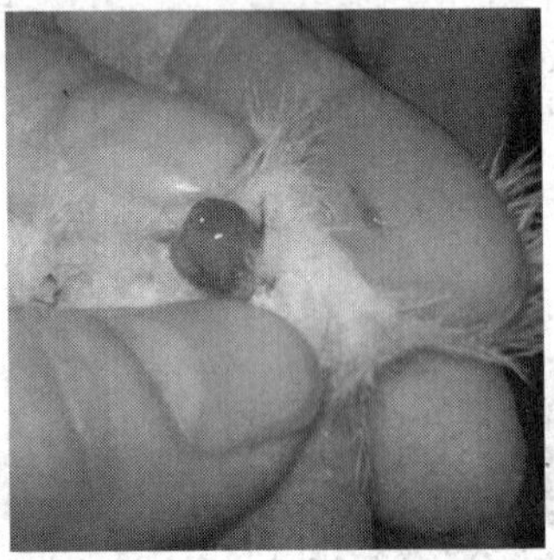

图 2-5-12　翻肛法母雏

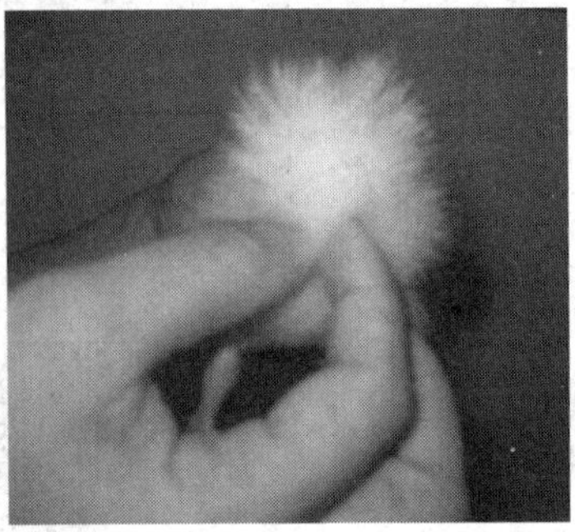

图 2-5-13　捏肛法

【实践案例三】

某孵化室有 10 000 羽雏鸡苗需要出售,出售前需要对鸡苗进行免疫,你如何做好售前免疫?

【实施过程三】

一、初生雏的免疫

出壳后的雏鸡在分级和雌雄鉴别后要在 24 h 内接种马立克病疫苗,超过 24 h 接种,免疫效果就会降低。目前,接种的马立克病疫苗多为进口的液氮苗,保护率能达到 95%以上。具体操作方法如下。

(一)准备注射器具

准备专用的连续注射器注射(图 2-5-14),目前也有采用自动注射器进行注射(图 2-5-15)。器具在清洗后煮沸,消毒。

(二)稀释疫苗

用马立克病疫苗专用稀释液进行稀释。稀释的疫苗规定应在 1 h 内用完,否则疫苗的保护率就会降低。

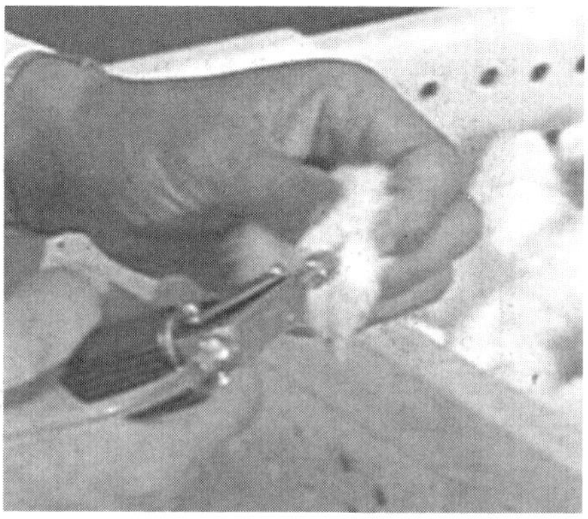

图 2-5-14　连续注射器注射

图 2-5-15　自动注射器注射

(三)免疫接种

手握鸡颈下 2/3 部位，疫苗注射到颈部下端，每只雏鸡颈部皮下注射 0.2 mL。每注射完一盒雏鸡，就要检查打过的雏鸡。如果有疫苗渗漏严重的雏鸡，就需要补针；如果有出血严重或致死的雏鸡，就需要补鸡苗。

二、初生雏的暂存

拣出的雏禽经分级、雌雄鉴别和注射疫苗后，放置在室温为 22～25 ℃的专用雏箱内(图 2-5-16)，待雏禽充分休息后，接运。

图 2-5-16　雏禽暂存

【知识拓展】

雏鸡雌雄鉴别

雏鸡雌雄鉴别法(伴性遗传鉴别法)是指利用伴性遗传原理，培育自别雌雄品系，通过不同品系的杂交，根据初生雏鸡羽毛的颜色、羽毛生长速度准确地辨别雌雄。

一、羽色鉴别法

利用初生雏鸡绒毛颜色的不同，直接区别雌雄。如褐壳蛋鸡品种依莎、罗斯、海兰、尼克红、罗曼等都能利用其羽色自别雌雄。在金黄色羽的公鸡与银白色羽的母鸡杂交的后代雏鸡中，凡绒毛金黄色的雏鸡为母雏，银白色的雏鸡为公雏(图 2-5-17)。

二、羽速鉴别法

控制羽毛生长速度的基因存在于性染色体上，且慢羽对快羽为显性。在慢羽母鸡与快羽公鸡杂交的后代中，凡快羽的雏鸡是母鸡，慢羽的雏鸡是公鸡(图 2-5-18)。

其区别方法：若初生雏鸡主翼羽长于覆主翼羽为母雏；若初生雏鸡主翼羽短于或等于覆主翼羽则为公雏。

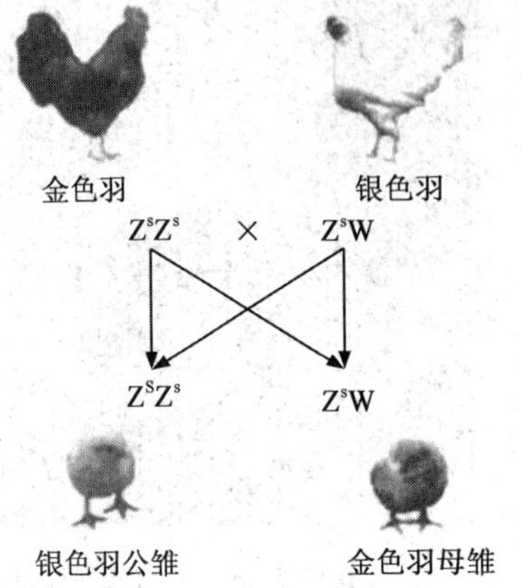

图 2-5-17　羽色鉴别

（资料来源：蔡吉光，王景. 家禽生产技术. 2 版. 北京：化学工业出版社，2017）

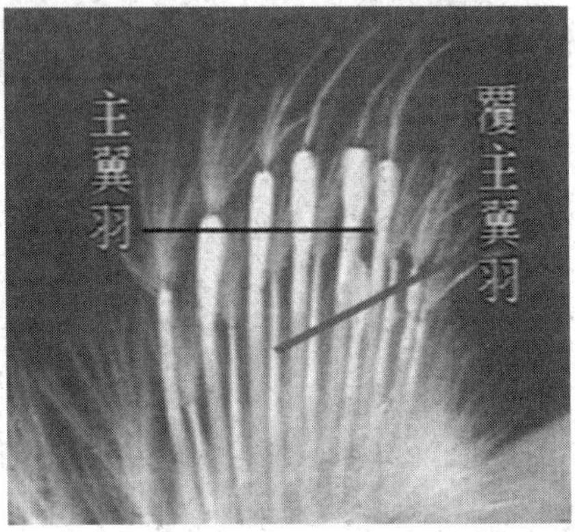

图 2-5-18　羽速鉴别

【职业技能测试】

一、填空题

1. 雏鸡孵出后按强弱进行分级，一般分为________、________、________ 3 个等级。

2. 孵化出雏的雏禽可采用"____________________"的方法进行选择和分级。

3. 通过观察雏禽的________、________、________、________、________等外表形态来选择健康雏禽。

4. 雏鸡的雌雄鉴别方法主要有________、________、________。

5. 雏鸡雌雄鉴别法的________和________是利用伴性遗传原理培育成的。

6. 现代褐壳蛋鸡基本都是羽色自别系，初生雏为褐羽的是________，初生雏为白羽的是________。

7. 快慢羽鉴别法中的快羽是指____，慢羽是指____________________。

8. 快慢羽鉴别中的快羽是________鸡，慢羽是________鸡。

9. 在使用翻肛法鉴别时，先排胎粪，方法是____________________。

10. 翻肛法鉴别雌雄要在________瓦的强光下进行。

11. 翻肛法鉴别雌雄是根据____________________的有无和形态差异进行鉴别的，鉴别时间以________为最好。

12. 在使用捏肛法鉴别雏鸭鹅雌雄时，如感觉有突起物即为雏鸭的__________，可判断为________雏。

13. 雏鸡出壳后________ h 内应皮下注射____________________疫苗。

14. 注射疫苗时一般使用专用的________或________进行注射。

15. 稀释马立克病疫苗要用________进行稀释，稀释的疫苗规定在________ h 内用完，每只雏鸡在________注射________ mL。

16. 每注射完一盒，就要检查打过的雏鸡。如果有____________________需要补针。

17. 雏禽经处理后应放置在________℃的室内暂存。

二、简答题

1. 对初生的雏鸡如何采用翻肛鉴别其雌雄？
2. 对初生的雏鸭、雏鹅如何采用翻肛鉴别其雌雄？
3. 对初生的雏鸭、雏鹅如何采用捏肛鉴别其雌雄？
4. 健雏有何标准？
5. 弱雏有何标准？
6. 简述初生雏鸡接种马立克病疫苗的操作要求。

项目三

肉鸡生产

【知识目标】

掌握家禽外貌及品种分类；

掌握肉鸡品种选择；

掌握肉用仔鸡饲养管理；

掌握优质肉鸡饲养管理；

掌握肉用种鸡选种与饲养管理。

【能力目标】

能够根据外貌特征识别不同家禽的性别、经济类型及主要品种；

能够正确进行肉鸡的饲养管理；

能够正确控制肉鸡舍的环境；

能制定肉鸡饲养管理规程。

任务一　家禽外貌的识别与品种分类

【学习目标】

不同类型和品种的家禽有不同的体形外貌特征、生产性能，认识家禽的外貌，这是识别家禽品种、区分性别及经济类型的基础。如何在数量众多的家禽品种中选择适宜品种，需要熟悉家禽外貌部位名称、性别及经济类型。

【必备知识】

一、家禽

家禽在动物分类学中属于鸟纲。家禽是指经过人类长期驯化和培育，在家养条件下能生存繁殖，并有较高经济价值的鸟类。如鸡、鸭、鹅、火鸡、珍珠鸡、鹌鹑、鸽子等。鸭、鹅合称为水禽。

二、家禽的一般特征

全身被羽毛覆盖；没有牙齿；骨骼大多愈合；前肢演化为翼；有嗉囊和肌胃；肺小而有气囊；没有膀胱，排出固体的尿酸盐；母禽只有左侧卵巢和输卵管发育；繁殖方式为卵生；具有泄殖腔，睾丸位于体腔内等。

【实践案例】

针对所提供的家禽，能正确说出家禽身体各部位名称、性别和经济类型。

【实施过程】

一、鸡的外貌识别

鸡体可分为头、颈、体躯、翅、尾和腿 6 个部分（图 3-1-1）。

（一）头

头部的形态及发育程度能表现品种特征、性别、生产力高低和体质情况。头部包括冠、肉髯、喙、脸、鼻孔、耳孔、耳叶等。公鸡的冠和肉髯较发达，多呈红色。喙的颜色主要有黄色、青黑色、白色等，一般与胫或皮肤的颜色相同。耳叶的颜色有红色、黄白色、绿色等。鸡的冠形是品种标准的重要特征。其主要类型有单冠、玫瑰冠、豆冠和草莓冠等（图 3-1-2）。现代鸡种的冠形主要是单冠。

①单冠。由喙的基部至头顶的后部，为单片的皮肤衍生物。其由冠基、冠体和冠峰 3 个

部分构成。

②豆冠。由 3 个小的单冠组成，又称三叶冠，中间一叶较高，有明显的冠齿。

③玫瑰冠。冠表面有很多突起，前宽后尖，形成冠尾，冠形似玫瑰花。

④草莓冠。与玫瑰冠相似，但无冠尾，冠体较小，冠形似草莓。

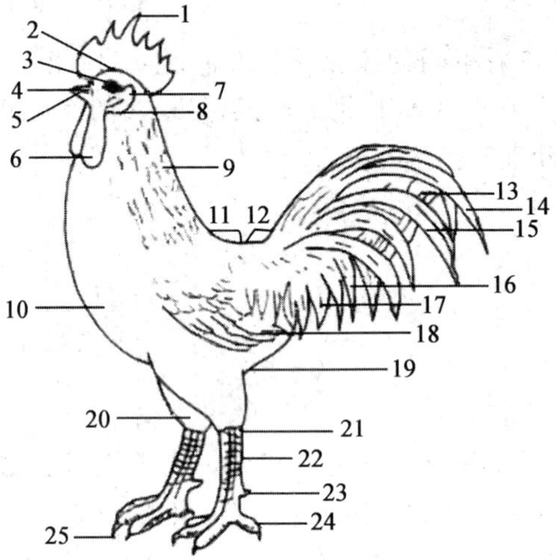

1. 冠；2. 头顶；3. 眼；4. 鼻孔；5. 喙；6. 肉髯；7. 耳孔；8. 耳叶；9. 颈和颈羽；10. 胸；11. 背；12. 腰；13. 主尾羽；14. 大镰羽；15. 小镰羽；16. 覆尾羽；17. 鞍羽；18. 翼羽；19. 腹；20. 胫；21. 飞节；22. 跖；23. 距；24. 趾；25. 爪。

图 3-1-1　鸡体外貌部位名称

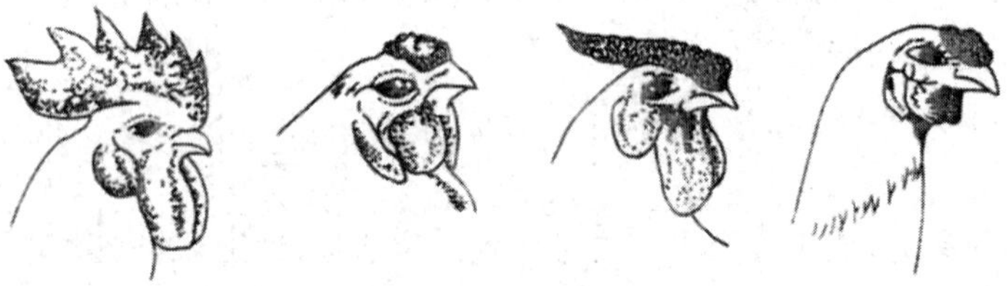

单冠　豆冠　玫瑰冠　草莓冠

图 3-1-2　常见的几种冠形

（二）颈

颈部羽毛具有第二性征状。公鸡颈羽细长，末端尖而有光泽，称之为梳羽。母鸡颈羽短，末端钝圆，缺乏光泽。

（三）体躯

体躯包括胸、腹、背腰 3 个部分，公鸡体形较母鸡体形大。体躯皮肤的颜色主要有白色、黄色和黑色等。

（四）翅

翅上的主要羽毛名称为翼前羽、翼肩羽、主翼羽、副翼羽、轴羽、覆主翼羽和覆副翼羽。主翼羽为 10 根，副翼羽为 12～14 根，主翼羽与副翼羽间的一根羽毛，被称为轴羽（图 3-1-3）。

(五)尾

尾部有主尾羽和副尾羽。公鸡紧靠主尾羽的覆尾羽特别发达，形如镰刀，称镰羽。肉用型鸡尾羽较短，蛋用型鸡尾羽较长。

(六)腿

腿部由股、胫、飞节、跖、趾、爪等构成。跖、趾和爪称为脚，其表面覆盖有鳞片。随年龄增长逐渐角质化，年龄越大，鳞片越硬，因此可从鳞片软硬程度和是否突起判断鸡的年龄。趾一般为 4 个，少数为 5 个。公鸡在跖内侧生有距，一般 6 月龄开始长出，1 岁时长约为 1 cm。距随年龄的增长而变长、变尖、变弯，故其可作为鉴别公鸡年龄的依据之一。蛋用型品种腿较细长，肉用品种腿较粗短。

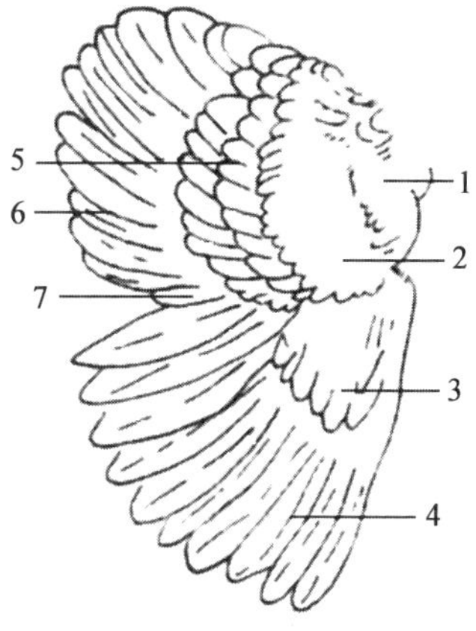

1. 翼前羽；2. 翼肩羽；3. 覆主翼；4. 主翼羽；5. 覆副翼羽；6. 副翼羽；7. 轴羽。

图 3-1-3 翅羽各部位名称

二、家禽品种的分类方法(按经济用途分类)

(一)标准品种和地方品种

按照经济用途，家禽品种分为肉用型、蛋用型、兼用型、观赏型 4 种类型。鸡、鸭可按以上 4 种类型分，鹅只有肉用型。以鸡为例，4 种经济类型的外貌特征如下。

1. 肉用型

肉用型以产肉多为主。体形大，体躯宽深，颈粗尾短，腿短胫粗，肌肉丰满，羽毛蓬松，体形呈方形。如白科尼什鸡、白洛克鸡。

2. 蛋用型

蛋用型以产蛋多为主。体形较小，体躯较长，颈细尾长，腿高胫细，羽毛紧凑，后躯发达，体形呈楔形。如白来航鸡、仙居鸡等。

3. 兼用型

兼用型体形、外貌和生产性能介于肉用型和蛋用型之间。如洛岛红鸡、新汉夏鸡等。

4. 观赏型

观赏型属专供人们观赏或争斗娱乐的品种。一般有特殊外貌或性凶好斗或兼有其他特殊性能。如丝羽乌骨鸡、斗鸡等(图 3-1-4)。

图 3-1-4 丝羽乌骨鸡(公、母)

(二)现代品种分类

按照经济用途,现代品种被分为蛋鸡系和肉鸡系。以现代鸡种分类为例,进行论述。

1.蛋鸡系

专门用于生产商品蛋的配套系按蛋壳颜色分为白壳蛋鸡系、褐壳蛋鸡系和粉壳蛋鸡系、绿壳蛋鸡系。

(1)白壳蛋鸡系　主要是以单冠白来航鸡为素材培育而成的配套品系。体形小,又称为轻型蛋鸡。其特点是体形小,耗料少,开产早,产蛋多,与褐壳蛋鸡比较,蛋重略小,抗应激性较差,啄癖较严重,死亡淘汰率较高。饲养的主要品种有美国的海兰白鸡、我国的京白938等。

(2)褐壳蛋鸡系　主要是由原兼用型号品种(如洛岛红、新汉夏等)为素材培育而成的配套品系。体形稍大,又称为中型蛋鸡。其特点是体形中等,性情温顺,蛋重大,蛋壳厚,抗应激性强,啄癖少,死亡率低。但体重较大、耗料多、血斑、肉斑蛋多。商品代雏鸡可羽色自别雌雄,母雏为金黄色羽,公雏为银白色羽。主要代表有美国的海兰褐、德国的罗曼褐、法国的伊莎褐等。

(3)粉壳蛋鸡系　主要是由白壳蛋鸡和褐壳蛋鸡杂交培育的配套品系。其特点是产蛋量高,饲料转化率高,但生产性能不够稳定。其主要代表有美国的海兰灰、尼克粉,德国的罗曼粉,中国的京粉1号、2号、农大3号粉等。

(4)绿壳蛋鸡系　大多为我国地方品种选育。其特点是体形小,产蛋量高,蛋壳绿色,蛋品质优良。如江西华绿黑羽绿壳蛋鸡、江苏三凰青壳蛋鸡等。

2.肉鸡系

专门用于生产肉用仔鸡的配套系。肉鸡系按生长速度划分为快大型肉鸡和优质型肉鸡。

(1)快大型肉鸡　主要是指引进品种,由专门化的父系(白考尼什)和专门化的母系(白洛克)配套杂交而成。其主要为白羽快大型肉鸡。其特点是生长速度快,饲料报酬高,产肉多,但肉味淡;体形大,胸宽,腿粗,肌肉发达,尾羽短。商品代42日龄快大型肉鸡出栏体重即可达2.5 kg以上,料肉比(1.7～2.0)∶1。其主要饲养的品种有美国的AA鸡、艾维茵鸡,英国的罗斯308等。

(2)优质型肉鸡　指我国的优良地方品种及导入外血的配套品系。其特点是生长慢,饲养期长,但肉质好,肉味鲜美,羽色多为黄色、麻色,故其又被称为优质黄羽肉鸡。我国根据生长速度将其分为快速型、中速型、慢速型3种。快速型60日龄优质型肉鸡上市体重为1.3～1.5 kg。中速型80～100日龄优质型肉鸡上市体重为1.5～2.0 kg。优质型100日龄以上优质型肉鸡上市体重为1.1～1.5 kg。

【知识拓展】

选育技术常用概念

一、家禽品种

家禽品种是指在一定的社会条件和自然条件下，经过选种选配形成的来源共同、特征相似、遗传稳定、结构完善、有特定经济价值和一定数量的禽群。

二、品系

品系是品种的结构单位。它是品种内具有一定的亲缘关系、有共同特点、遗传性稳定的小种群。品系基因更加纯合。一个品种有多个品系，其可称之为品系化的品种。

三、配套系

配套系也称杂交配套系或现代家禽品种、商用配套系、商用品系，是在标准品种或地方品种基础上，用现代育种方法，经配合力测定后确定的特定专门化品系配套杂交组合。

四、地方品种

地方品种是指在某地区长期饲养形成的品种。地方品种的主要特点是适应性强，肉质好，但生产性能较低，体形外貌不一致，商品竞争能力差。我国家禽遗传资源丰富，各地饲养有各具特色的地方品种。目前我国地方品种的主要任务是加强保种，合理选育提高，生产更符合国情需要的优良品种。

五、标准品种

标准品种是指经过有目的的选育形成，被国际公认的家禽品种。标准品种的主要特点是较一致的外貌特征和较好的生产性能，遗传性稳定，但对饲养管理条件要求高。目前标准品种只作为育种的素材，已不在商业生产中饲养。

六、现代品种(配套系)

现代品种是由育种公司采用现代遗传育种技术选育的、由育种公司命名的商业品种。现代品种主要来源于少数几个标准品种。其主要特点是品种专门化和生产性能高。商品代大多是品系配套杂交的后代，故其又被称为配套系。但商品代不能留种自繁。目前在商业生产中，普遍饲养的主要品种是现代品种。

【职业技能测试】

填空题

1. 家禽品种是指在一定的社会条件和自然条件下，经过选种选配形成的________、________、________、________、________、________的禽群。

2. 配套系是指经________________确定的________________组合。

3. 家禽品种按经济类型可分为________、________、________、________。

4. 现代鸡种按经济用途分为________________和________________。

5. 现代蛋鸡系按蛋壳颜色分为________、________、________、________。

6. 现代肉鸡系按生长速度分为________、________ 2 种。

任务二 肉鸡品种的选择

【学习目标】

要选择一个合适的肉鸡品种，首先，应该能够识别肉鸡品种，掌握品种的生产性能、营养需要、饲养环境等综合信息；其次，根据销售渠道、市场需求情况和人们的消费习惯等确定饲养的品种，为后续肉鸡饲养管理方式的合理选择提供必要的信息。

【实践案例】

假如你准备从事肉鸡的饲养，如何确定适宜本地饲养的品种？

【实施过程】

一、国内优良地方品种

(一)广西地方品种

1. 广西三黄鸡

(1)原产地　广西东南部的市县，其中玉林市是三黄鸡最大的生产基地。广西玉林市汉川广东温氏家禽有限公司、广西参皇养殖集团有限公司、广西农贝贝集团等十多家企业的当家品种都是广西三黄鸡。在广西壮族自治区三黄鸡的饲养量最大，约占70%。

(2)外貌特征　具有“毛黄、脚黄、喙黄”的三黄特征，母鸡黄羽，公鸡酱红色羽，但翼羽常带黑边、尾部夹有黑羽，单冠，耳叶红色，皮肤多为白色(图3-2-1)。

(3)生产性能　成年公鸡体重为1.98～2.32 kg，母鸡体重为1.39～1.85 kg。母鸡在150～180日龄时开产，年产蛋77.1枚。平均蛋重为41.1 g，蛋壳浅褐色。

图3-2-1　广西三黄鸡(公、母)

2. 霞烟鸡

(1)原产地　广西容县。

(2)外貌特征　体躯短圆，腹部丰满，胸宽、胸深与骨盆宽三者长度相近，整个外形呈方形。公鸡腹部皮肤多呈红色，母鸡羽毛为黄色。单冠，耳叶红色，喙基部呈深褐色，喙尖呈浅黄色。皮肤呈白色或黄色(图 3-2-2)。

(3)生产性能　成年公鸡体重为 2.18 kg，母鸡体重为 1.92 kg。母鸡在 170～180 日龄时开产，年产蛋 110 枚左右，平均蛋重为 43.6 g。蛋壳为浅褐色。

图 3-2-2　霞烟鸡(公、母)

3.灵山香鸡

(1)原产地　广西灵山县。

(2)外貌特征　体躯短小，头细、颈短、脚细短，胫呈三角形。喙黄、脚黄，皮黄，羽色有黄羽、黄麻(棕麻)羽、黑褐羽(图 3-2-3)。

(3)生产性能　肉鸡饲养 100～110 d，公鸡体重为 1.3～1.4 kg，料肉比(3.0～3.3)∶1；母鸡体重为 1.2～1.25 kg，料肉比(3.5～3.8)∶1。

图 3-2-3　灵山香鸡(公、母)

4.南丹瑶鸡

(1)原产地　广西南丹县。

(2)外貌特征　体躯呈梭形，单冠，公鸡羽色以金黄色、棕红色为主，黄黑色次之；母鸡有麻黑、麻黄、土黄色。胫细长，部分有胫羽，少数有趾羽，胫为青色；喙呈黑色或青色，耳叶红色或蓝绿色，皮肤为白色(图 3-2-4)。

(3)生产性能　成年公鸡体重为 2.3 kg，母鸡体重为 1.57 kg。母鸡在 120～140 日龄时开产，平均年产蛋 100 枚。

图 3-2-4　南丹瑶鸡(公、母)

5. 广西乌鸡(含东兰乌鸡和凌云乌鸡)

(1)原产地　主产区为河池东兰县和百色凌云县。因其喙、冠、胫、趾、皮肤、骨、肉、内脏皆黑得名,故统称乌鸡。其均为单冠,片羽。

(2)东兰乌鸡　为黑羽,少数有凤头和胫羽,因羽、肉、骨均为黑色,东兰乌鸡又称为三乌鸡。东兰县于 2001 年被授予"中国三乌鸡之乡"。成年公鸡体重为 1.3～2.5 kg,成年母鸡体重为 1.2～2.0 kg。母鸡在 150～180 日龄时开产,年产蛋 120～150 枚,平均蛋重为 48 g(图 3-2-5)。

图 3-2-5　东兰乌鸡(公、母)

(3)凌云乌鸡　公鸡颈羽、鞍羽为橘红色,翼羽和尾羽多为黑色,母鸡以麻黄羽为主。成年公鸡体重为 1.7～2.5 kg,成年母鸡体重为 1.0～2.0 kg。母鸡在 150 日龄时开产,年产蛋 60～120 枚(图 3-2-6)。

6. 龙胜凤鸡

(1)原产地　广西龙胜各族自治县。当地群众称为"瑶山鸡"。

(2)外貌特征　体躯较短,结构紧凑,体形中等。成年公鸡羽毛紧凑,颈羽、鞍羽呈黑羽镶白边或镶黄边,主翼羽、副翼羽和尾羽多呈黑色并有亮绿色金属光泽;成年母鸡羽色为浅麻、以深麻或黄麻为主,颈部有黑羽镶白边或镶黄边,大部分有胫羽,部分有凤头、胡须(图 3-2-7)。

图 3-2-6　凌云乌鸡(公、母)

图 3-2-7　龙胜凤鸡(公、母)

(3)生产性能　成年公鸡体重为 1.5 kg、母鸡体重为 1.2 kg。母鸡在 130 日龄时开产,年产蛋 80～120 枚。

(二)国内其他优良地方品种

因我国自然生态条件差异较大,在不同的地域分布着各具特色的、数量众多的地方鸡品种。多数鸡的品种是蛋肉兼用型,部分鸡的品种为肉用或蛋用型,还有部分鸡的品种为药用和观赏型。

1. 浦东鸡

(1)原产地　上海浦东地区。

(2)外貌特征　体躯硕大宽阔,母鸡羽毛多为黄色、麻黄色或麻褐色,公鸡多为金黄色或红棕色。单冠,喙、胫、皮肤为黄色,耳叶红色(图 3-2-8)。

(3)生产性能　成年公鸡体重为 4～4.5 kg,母鸡体重为 2.5～3 kg。母鸡在 7～8 月龄时开产,年产蛋 120～150 枚。

2. 汶上芦花鸡

(1)原产地　山东汶上县。

(2)外貌特征　肉蛋兼用型。体形呈"元宝"状,前躯稍窄,背长而平直,后躯宽而丰满,胫较长,尾羽高翘,横斑羽,全身大部分羽毛呈黑白相间、宽窄一致的斑纹状。单冠,喙为黑色,皮肤为白色。胫、趾颜色以白色为主(图 3-2-9)。

图 3-2-8　浦东鸡(公、母)

图 3-2-9　汶上芦花鸡(公、母)

(3)生长性能　成年公鸡体重为 1.4 kg，母鸡体重为 1.26 kg，母鸡在 150～180 日龄时开产，年产蛋 130～150 枚。

3. 清远麻鸡

(1)外貌特征　体形小，体形特征可概括为“一楔、二细、三麻身”。“一楔”指母鸡体形像楔形，前躯紧凑，后躯肥圆；“二细”指头细、脚细；“三麻身”指母鸡背羽面主要有麻黄、麻棕、麻褐 3 种颜色。单冠，耳叶红色，喙黄、脚黄(图 3-2-10)。

(2)生产性能　成年公鸡体重为 2.18 kg，母鸡体重为 1.75 kg。120 日龄公鸡体重 1.25 kg，母鸡体重为 1.00 kg，母鸡在 5～7 月龄时开产，年产蛋 70～80 枚。

4. 惠阳胡须鸡

(1)原产地　广东省惠阳区。

(2)外貌特征　其标准特征为颌下有发达而展开的胡须状髯羽，无肉垂或仅有一点痕迹。体形中等，头大颈粗，胸深背宽，身短脚矮，黄羽，单冠，喙、胫为黄色，皮肤为白色(图 3-2-11)。

(3)生产性能　成年公鸡体重为 1.5～2.0 kg，母鸡体重为 1.25～1.50 kg。母鸡在 5 月龄时开产，年产蛋 70～90 枚。

图 3-2-10　清远麻鸡(公、母)

图 3-2-11　惠阳胡须鸡(公、母)

5. 文昌鸡

(1)原产地　海南文昌市。

(2)外貌特征　体形中等,具有“三小”(头小、颈小、脚小)和“三短”(颈短、脚短、翅短)和身圆股平的特征。胫前宽后窄,呈三角形,胫趾为淡黄色,皮肤呈米黄色。单冠,羽色有黄色、白色、黑色和芦花羽(图 3-2-12)。

图 3-2-12　文昌鸡(公、母)

(3)生产性能　成年公鸡体重为1.8～2.0 kg,母鸡体重为1.5～2.0 kg。母鸡在145日龄时开产,年产蛋100～132枚。

二、优质肉鸡配套系

(一)广西的优质肉鸡配套系

1.良凤花鸡

良凤花鸡由广西南宁市良凤农牧有限公司育成。羽色多为麻黑、麻黄色和少量黑色,单冠,冠、肉垂、脸、耳叶均为红色,皮肤为黄色,脚矮小。商品代公鸡56日龄体重为1.8～2.0 kg,母鸡60～65日龄体重为1.7～1.9 kg,料肉比为2.6∶1(图3-2-13)。

图3-2-13　良凤花鸡(公、母)

2.柳州麻花鸡

柳州麻花鸡简称柳麻鸡。由广西柳州宏华生物发展有限公司育成。羽毛以黄麻、黑麻为主,单冠直立,冠、肉髯、耳叶为红色,喙、胫为黄色或黑色,皮肤为黄色。商品代56日龄平均体重为1.7 kg,料肉比为2.09∶1(图3-2-14)。

图3-2-14　柳州麻花鸡(公、母)

3. 金陵黄鸡、金陵麻鸡

金陵黄鸡、金陵麻鸡由广西金陵农牧集团有限公司育成。

(1)金陵黄鸡　具“三黄”特征，红黄色羽，脚矮，单冠，冠、肉垂、耳叶均为鲜红色；喙、胫、皮肤皆呈黄色。商品代公鸡 70 日龄平均体重为 1.73～1.85 kg，料肉比为(2.3～2.5)∶1，母鸡 80 日龄平均体重为 1.65～1.75 kg，料肉比为(2.5～3.3)∶1(图 3-2-15)。

(2)金陵麻鸡　羽毛呈麻色、麻黄、麻黑，冠、肉垂、耳叶均为鲜红色，喙呈青色或褐色，胫为青色，皮肤为白色。公鸡出栏体重为 2.0～2.15 kg，料肉比为(2.2～2.3)∶1；母鸡出栏体重为 1.85～1.950 kg，料肉比为(2.3～2.5)∶1(图 3-2-16)。

图 3-2-15　金陵黄鸡(公、母)

图 3-2-16　金陵麻鸡(母、公)

4. 凤翔青脚麻鸡、凤翔乌鸡

凤翔青脚麻鸡、凤翔乌鸡由广西凤翔集团畜禽食品有限公司育成。

(1)凤翔青脚麻鸡　单冠，皮肤为黄色，脚胫为青黑色。公鸡羽色为深红，母鸡有麻黄、麻棕、麻褐 3 种羽色。商品代 70～75 日龄公鸡平均体重为 2.35～2.55 kg，母鸡平均体重为 1.9～2.05 kg(图 3-2-17)。

图 3-2-17　凤翔青脚麻鸡(公、母)

(2)凤翔乌鸡　公鸡羽色为深红，母鸡羽色为麻羽。喙、皮肤、脚胫为青黑色。商品代 70～75 日龄公鸡平均体重为 2.4～2.6 kg，母鸡体重为 1.9～2.1 kg，料肉比 2.14∶1(图 3-2-18)。

图 3-2-18　凤翔乌鸡(公、母)

(二)国内其他优质肉鸡配套系

国内其他优质肉鸡配套系见表 3-2-1。

表 3-2-1　国内部分优质肉鸡配套系

品种名称	原产地	品种名称	原产地
新兴黄麻鸡	广东	江村黄鸡	广东
岭南黄鸡	广东	新广黄鸡	广东
粤禽黄鸡	广东	康达尔黄鸡	广东
岗墟黄鸡	广东	京星黄鸡	中国科学院

三、引进的快大型肉鸡配套系

目前，从国外引进的快大型肉鸡品种有 10 余种，如爱拔益加、艾维茵、罗斯、罗曼、哈巴德、彼得逊等。其中爱拔益加、艾维茵和罗期 308 是饲养最为普遍的优良品种(图 3-2-19、图 3-2-20)。

图 3-2-19　快大型白羽肉鸡亲本(公、母)

图 3-2-20　快大型肉鸡商品代

(一)爱拔益加肉鸡

爱拔益加肉鸡简称为AA肉鸡，由美国爱拔益加家禽育种公司培育，四系配套杂交，白羽。其特点是体形大，生长速度快，饲料转化率高，适应性强。商品代公鸡42日龄体重为3.18 kg，母鸡体重为2.69 kg，混养平均体重为2.94 kg，料肉比为(2.24～2.58)∶1。

(二)艾维茵肉鸡

艾维茵肉鸡由美国艾维茵公司培育，三系配套杂交，白羽。其特点是增重快、成活率高、饲料报酬高。商品代42日龄公、母鸡平均体重为2.18 kg，料肉比为1.84∶1。

(三)罗斯308肉鸡

罗斯308肉鸡由英国罗斯公司培育，四系配套杂交，白羽。其特点是体质健壮，成活率高，增重速度快，出肉率高。商品代42日龄公、母鸡平均体重为2.48 kg，料肉比为1.7∶1。

【知识拓展】

中国肉鸡地方品种与产地发展情况

我国是世界上家禽驯化最早的国家之一。早在新石器时代就有驯化野禽的遗迹，云南省至今仍生存着家鸡的祖先——红原鸡。由于我国处于温带和亚热带地区，气候温和，地势、地形和生态环境复杂，加之长期封闭的自然经济，形成了许多家禽地方良种。截至2010年，已通过国家畜禽遗传资源审(鉴)定的肉鸡地方品种有110个。产地与品种名称分布见表3-2-2。

表3-2-2 肉鸡品种与产地分布

产地	品种名称
北京	北京油鸡
河北	坝上长尾鸡
辽宁	大骨鸡
上海	浦东鸡
江苏	鹿苑鸡、深阳鸡、狼山鸡、京海黄鸡、太湖鸡、如泉黄鸡
浙江	灵昆鸡、萧山鸡、仙居鸡、江山乌骨鸡
安徽	淮北麻鸡、淮南三黄鸡、宣州鸡、黄山黑鸡、五华鸡
福建	河田鸡、漳州斗鸡、象洞鸡、金湖乌凤鸡、闽清毛脚鸡、德化黑鸡
江西	白耳黄鸡、崇仁麻鸡、东乡绿壳蛋鸡、康乐鸡、宁都三黄鸡、丝羽乌骨鸡、余干乌骨鸡、安义瓦灰鸡
山东	鲁西斗鸡、烟台穆糠鸡、琅琊鸡、汶上芦花鸡、济宁百日鸡、寿光鸡
河南	河南斗鸡、卢氏鸡、正阳三黄鸡、固始鸡、淅川乌骨鸡
内蒙古	边鸡
黑龙江	林甸鸡
湖北	双莲鸡、江汉鸡、洪山鸡，郧阳大鸡、郧阳白羽乌骨鸡、景阳鸡

续表 3-2-2

产地	品种名称
湖南	黄郎鸡、桃源鸡、雪峰乌骨鸡、东安鸡
广东	怀乡鸡、惠阳胡须鸡、清远麻鸡、杏花鸡、阳山鸡、中山沙栏鸡
广西	广西三黄鸡、南丹瑶鸡、霞烟鸡、广西麻鸡、广西乌鸡、天鹅六画山鸡、龙胜凤鸡
四川	峨眉黑鸡、金阳丝毛鸡、旧院黑鸡、凉山崖鹰鸡、泸宁鸡、米易鸡、沐川乌骨黑鸡、彭州市黄鸡
贵州	乌蒙乌骨鸡、矮脚鸡、高脚鸡、黔东南小香鸡、威宁鸡、竹乡鸡
云南	茶花鸡、尼西鸡、腾冲雪鸡、武定鸡、西双版纳斗鸡、大围山微型鸡、瓢鸡、兰坪绒毛鸡、独龙鸡
西藏	藏鸡
陕西	陕北鸡、大白鸡、略阳鸡
甘肃	静原鸡
青海	海东鸡
新疆	吐鲁番鸡、拜城油鸡、田黑鸡
海南	文昌鸡
重庆	大宁河鸡、城口山地鸡

引自：周新民，蔡长霞. 家禽生产. 北京：中国农业出版社，2011。

【职业技能测试】

一、填空题

1. 广西的优质地方肉鸡品种有__________、__________、__________等；

2. 广西优质肉鸡配套系鸡种有__________、__________、__________、__________等。

3. 引进的快大型肉鸡配套系有__________、__________、__________等优良品种。

4. 按经济用途分，三黄鸡属于__________型，柳州麻花鸡属于__________型，AA 鸡属于__________型。

5. 国内其他优良地方品种有__________、__________、__________、__________、__________。

二、判断题

(　)1. 三黄鸡的三黄是指毛黄、脚黄、嘴黄。

(　)2. 广西柳州被国家定为“中国三黄鸡”之乡。

(　)3. 地方品种鸡适应性强，肉质鲜美，但生产性能普遍较低。

(　)4. 现代鸡种大多是品系配套杂交种。

(　)5. 现代鸡种的冠形主要是单冠。

任务三 肉用仔鸡的饲养管理

【学习目标】

肉用仔鸡生产目标是出栏早、出栏体重大、饲料转化率高、成活率高。首先，需要了解肉用仔鸡生产特点、阶段划分、饲养方式；其次，掌握进雏前准备、雏鸡选择和接运技术。通过科学、细致、合理的饲养管理达到更高的肉鸡商品合格率。

【必备知识】

一、肉用仔鸡的生产特点

肉用仔鸡是指饲养时间短，未达性成熟即屠宰的肉鸡，一般是指国外引进的快大型肉鸡。肉用仔鸡生产是肉鸡生产的重要部分，尤其在我国北方，肉用仔鸡的饲养量占肉鸡饲养量的80%以上。

(一)生长快，饲养期短，饲料报酬高

肉用仔鸡出生重约为40 g，饲养42日龄出栏，出栏体重达2.0 kg以上，料肉比(1.6～2)∶1。连续生产1年可饲养5～6批。

(二)宜大群饲养，劳动效率高

肉用仔鸡性情温驯，活动速度较缓，适合于大规模集约化饲养。在厚垫料平养时，出栏的密度可达10～12只/m^2。目前肉用仔鸡规模化生产已实现自动化、机械化。一个劳动力可饲养1万～2万只。

(三)易发生营养代谢疾病

由于肉用仔鸡早期生长速度快、体重大、不爱活动、饲养密度大，故生产中易产生胸囊肿、脚病、猝死症、腹水症等营养代谢病，从而影响产品合格率。

二、肉用仔鸡的生产目标

肉用仔鸡生产应达到出栏早、出栏体重大、饲料转化率高、成活率高的目标。

三、肉用仔鸡饲养阶段的划分

(一)两段法

前期为0～3周龄，后期为4周龄至上市。

(二)三段法

前期为0～4周龄，中期为5～6周龄，后期为7～8周龄至上市。

(三)按饲养阶段饲料划分

前期料(小鸡料)、中期料(中鸡料)、后期料(大鸡料)。

四、鸡的饲养方式

(一)按饲养范围分

舍内饲养(舍饲)和放牧饲养(放养)。

(二)按地面形式分

平养、笼养。平养又分为地面平养、网上平养。其中,地面平养育又分为换垫料平养和厚垫料平养。

五、肉用仔鸡的饲喂方法

(一)自由采食

饲槽或料桶内随时都有一定数量的饲料,任鸡自由啄食,此法有利于加快鸡的生长速度,减少争料,采食均匀,生长发育均匀。

(二)定量饲喂

根据鸡的日龄大小和生长发育要求,把定量的饲料按规定的时间分为若干次投喂。此法有利于提高饲料利用率。

六、雏鸡的生理特点

雏鸡是指出壳后至不需要人工给温的鸡,一般指 6 周龄前的鸡。

(一)体温调节能力差、畏冷怕热

刚出壳的雏鸡体小,全身覆盖的是绒羽且比较稀短,体温比成年鸡低,到 10 日龄才能达到与成年鸡基本相同的体温。

(二)生长快,代谢旺盛

在鸡的生长阶段中,雏鸡阶段生长速度最快。肉用仔鸡出壳时体重约为 40 g,1 周龄时为 150 g,6 周龄时为 2.0 kg,分别为初生重的 3 倍和 50 倍。蛋用型雏鸡 2 周龄、6 周龄时的体重分别为初生重的 2 倍和 10 倍。

(三)胃肠容积小,消化能力弱

雏鸡的消化机能尚不健全,加之胃肠道的容积小,故消化能力差。

(四)胆小敏感

雏鸡胆小怕惊,外界环境稍有变化都会引起应激反应。育雏舍内的各种声响、噪声和新奇的颜色或陌生人进入等都会引发鸡群骚动不安,影响生长,甚至造成因相互挤压而致死、致伤。

(五)抗病力、自卫力差

雏鸡体小娇嫩,免疫机能还未发育健全,易受多种疫病侵袭。

【实践案例】

假如你是肉鸡养殖公司技术服务人员,请制定肉用仔鸡饲养管理方案。

【实施过程】

一、育雏前准备

(一)鸡舍与设备的准备

1. 鸡舍与设备选择

鸡舍面积大小根据饲养密度按饲养数量最多时准备。雏鸡舍保温性能要好，不透风、不漏雨、不潮湿。对鸡舍门窗、屋顶、墙壁等进行检查和维修，填塞门窗缝隙和鼠洞，特别注意防止贼风。设备要充足完好，饲养前要认真安装、检查和调试，发现破损，及时修复或更新。具体设备要求见表 3-3-1。

表 3-3-1　肉用仔鸡饲养设备要求

设备种类	设备名称	要求
喂料设备	开食盘(直径为 30 cm)	第 1 周用 80～100 只/个
	圆形料桶(4 kg、10 kg)	30 只/个、50 只/个
	料槽	1 只/5 cm
饮水设备	真空饮水器(4 L)	第 1 周用 70～80 只/个，以后用 50 只/个
	乳头式自动饮水器	10～15 只/个
	吊塔式自动饮水器(6 L)	50 只/个
	水槽	1 只/2 cm
保温设备	保温伞(直径为 2 m)	500～600 只/把，离地 1.5 cm
	红外线灯	100～150 只/个，离地 40～60 cm
	煤炉	20 m^2/个，排烟管伸出舍外
	烟道	1～2 条
照明设备	灯头	20 m^2/个
	灯泡	40 W、15 W，1 周龄后换 15 W
其他	温湿度计	500 只/个

2. 鸡舍与器具的消毒

进鸡前 2 周进行。鸡舍清理消毒程序包括清扫、冲洗、喷洒消毒、熏蒸消毒。

(1)清扫　在上批鸡转出后和清扫前，先用消毒剂对鸡舍内进行喷雾消毒，鸡舍内环境湿润，以减少尘埃飞扬。在清扫时，先清理舍内鸡粪，然后再彻底清扫鸡舍，包括顶棚、死角、鸡笼、网架、墙壁、地面等。

(2)冲洗　清扫后的鸡舍用高压水枪将地面、墙壁等处及所有饲养设备冲洗干净(图 3-3-1 和图 3-3-2)。

(3)喷洒消毒　待晾干后，用 2%～3%的火碱溶液、10%的石灰溶液等喷洒地面和墙壁。

图 3-3-1 冲洗鸡舍

图 3-3-2 冲洗用具

消毒的顺序是先上后下，先里后外。喷洒消毒必须坚持消毒→干燥鸡舍→再消毒→再干燥的步骤，以保证效果。设备先用消毒药水浸泡 30 min，然后用清水冲洗 2～3 次。料槽和饮水器等应对其进行消毒(图 3-3-3)。

(4)熏蒸消毒　在进鸡前 5～6 天，对鸡舍、设备、用具进行熏蒸消毒。如果采用垫料平养，应先在风干后的地面上铺上垫料。熏蒸前将鸡舍门窗、通风孔封闭，保持鸡舍密闭。熏蒸时间不可少于 24 h(图 3-3-4)。

图 3-3-3 用具消毒

图 3-3-4 熏蒸消毒

(5)熏蒸方法　在鸡舍的过道每隔 10 m 放一个熏蒸盘。按鸡舍每立方米，42 mL 甲醛、21 g 高锰酸钾的用量，先放高锰酸钾，再倒入甲醛。在操作时，速度要快，加完后迅速撤离。在熏蒸 24 h 后，打开门窗、通气孔或开动风机，将烟味排净。为提高消毒效果，最好在消毒时使鸡舍温度达到 25～27 ℃，相对湿度为 75%～80%。将消毒后的鸡舍封闭，不准随便进入，以防重新污染。

(二)饲料、垫料和药物选择

1. 饲料

饲料应选择适合本品种饲养标准、质量可靠的产品。料量按每只肉用仔鸡全程 5 kg 配合饲料的标准进行估算。一般准备 2 周的饲料。饲料应存放在专门的饲料间，地面应垫有木板，防止饲料受潮和污染变质。

2. 垫料

垫料采用垫料平养饲养，垫料应选择清洁卫生、干燥松软、灰尘少、吸水性强的垫料，如刨花、稻草、麦秸等，禁止使用霉烂发霉有异味的垫料。垫料的用量可按每平方米地面 4～6 kg 准备，以备日常铺垫和更换使用。笼养、网上平养应在网面铺塑料布或硬纸上(图 3-3-5、图 3-3-6)。

图 3-3-5　网面铺塑料布

图 3-3-6　笼底铺纸

3. 药物

药物主要准备消毒药、营养保健药、疫苗等。消毒药常用的有高锰酸钾、甲醛、火碱、新洁尔灭、次氯酸钠、来苏儿和生石灰等。营养保健药主要是准备葡萄糖、维生素、电解多维等。疫苗则按免疫程序准备，放入冰箱保存。另外，还要准备一些预防和治疗消化道和呼吸道疾病的常用药物。

(三)预热试温

在进雏前 2～3 天，安装供暖设备并进行预热试温。在进雏前，育雏舍温度达到 32 ℃，相对湿度保持为 65%～70%。

在预热过程中，观察室内温度是否均匀、平稳，加热器的控制元件是否灵敏，温度计的指示是否正确。如果出现问题，要及时解决。

另外，在进雏前，提前布置好用具。提前半小时将水放进育雏舍，水温升高(图 3-3-7)。

图 3-3-7　提前布置用具

二、雏鸡的选择

高质量的雏鸡是取得较高育雏成绩的基础。通过选择，把残次、弱雏淘汰。按雏鸡的大小、强弱实行分群饲养，这对提高整体鸡群的抗病力和整体的均匀度有利。选择标准可参照孵化中的雏鸡的分级标准。

三、雏鸡的接运

(一)运雏

1. 装雏

最好选用专用运雏箱运输。运雏箱上部和四周开有通气孔，箱内分 4 格，每格装 25 只，每箱装 100 只 。如用其他工具运输，也要注意保温、通气、防压(图 3-3-8)。

2. 运雏时间

冬季及早春运雏应尽量在中午运雏；夏季应在早晚凉快时运雏。雏鸡最好在出壳 24 h 内运到育雏舍。

3. 定期检查

在运输过程中，要随时检查鸡群，调整温度及通风。在长途运输时，更应注意。必要时内外、上下之间调换雏鸡盒，防止意外颠簸压死雏鸡。

(二)接雏

1. 静置雏鸡

雏鸡运到场后应，立即将运雏箱搬入鸡舍，并静置 30 min 左右，以使雏鸡能从运输的应激状态中缓冲过来，同时使其适应育雏环境(图 3-3-9)。

图 3-3-8　专用运雏箱

图 3-3-9　接雏

2. 安置雏鸡

将静置后的雏鸡按计划分群安置。在分群时，应按强、弱分开。弱雏应放在离热源最近的地方。

四、雏鸡的饲养管理

(一)饲养方式

为达到肉用仔鸡生长快、增重快的目的,饲养方式采用全程舍饲,不放养。

1.弹性塑料网上平养

弹性塑料网上平养是指将鸡饲养在离地40～60 cm的网床。网床一般是由金属网或竹夹板制成,上铺弹性塑料网(图3-3-10)。

(1)优点　可减少腿病和胸囊肿,鸡不与粪便接触,可减少球虫病的发生。因此,其比厚垫料平养的成活率和增重要高。

(2)缺点　设备成本高。

2.厚垫料地面平养

厚垫料地面平养是指将鸡饲养在铺设一定厚度垫料的地面上。在饲养过程中,不断铺上新的垫料,直到肉鸡出售时才将垫料与粪便一次性清除。每次铺设厚为5～10 cm的垫料(图3-3-11)。

(1)优点　设备简单,成本低,腿病和胸囊肿发生率低。

(2)缺点　鸡直接接触地面,易发生鸡白痢和鸡球虫病等,药品和垫料费用大。密度较小,鸡舍利用率低。

图3-3-10　塑料网上平养

图3-3-11　厚垫料地面平养

3.笼养

笼养是指饲养在多层的笼内。鸡笼有多叠式和阶梯式。

(1)优点　笼养可提高饲养密度,提高鸡舍利用率。鸡不与粪便接触,可减少球虫病和鸡白痢的发生,便于公、母分群饲养。

(2)缺点　一次性投资较大,且因笼底网硬,胸囊肿和腿病较为严重,商品合格率低。可用笼养与地面平养结合,即3周龄前笼养,3周龄后转为地面平养。

(二)全进全出饲养制度

全进全出饲养制度是指在同一时间进入同一日龄的雏鸡在养成后又在同一时间出售。

鸡舍设备经过彻底地清洗、消毒,鸡舍空闲 1～2 周,再重新接下一批。全进全出饲养制度能有效切断病源循环感染,不仅有利于防疫,也方便饲养管理。

(三)控制好环境条件

环境条件的优劣直接影响肉用仔鸡的成活率、生长速度和饲料利用率。肉用仔鸡饲养对环境条件的要求比较严格,影响大,应特别重视。

1. 温度

保温是育雏成败的关键,尤其是育雏的第 1 周。适宜的温度有利于卵黄吸收和防止白痢。

(1)温度要求　第 1 周的温度为 35～31 ℃,以后每周下降低 2～3 ℃,第 5 周龄降至 21～24 ℃,以后保持至出栏。注意温度变化要平稳,不可忽高忽低。21～24 ℃是肉用仔鸡增重和饲料转化率最佳的温度(表 3-3-2)。

表 3-3-2　肉用仔鸡温度控制参考标准

日龄	温度/℃	日龄	温度/℃
1～3	35～33	15～21	28～26
4～7	32～30	22～28	26～24
8～14	30～28	29～35	24～21

温度过低影响卵黄吸收,降低抗病力,容易发生感冒、下痢,并且容易互相挤压造成大量伤亡;温度过高也会使体质减弱、脱水、发育缓慢,引起啄癖或呼吸道疾病。

(2)温度控制　常用方法有参考温度计、根据鸡群的行为活动判断、根据强弱雏和天气等进行调整。

①参考温度计。舍内悬挂温度计。其高度与鸡背平或距地面或网底高 5 cm。每天定期检查。温度计要校正(图 3-3-12)。

②根据鸡群的行为活动进行调整。在生产中尤其重要。

A. 温度合适:雏鸡分布均匀,活泼好动,食欲好(图 3-3-13)。

图 3-3-12　挂温度计

图 3-3-13　温度合适

B. 温度过高:雏鸡远离热源,张口喘气,大量饮水,采食减少。此时雏鸡虚弱,应注意对其采取缓和措施,慢慢降低温度,防止由降温过猛而引起雏鸡感冒(图 3-3-14)。

C. 温度过低：雏鸡靠近热源，拥挤打堆，不爱活动，鸣叫不休。应立即驱散集堆雏鸡，迅速升温保暖(图 3-3-15)。

D. 有贼风：雏鸡聚集在鸡舍一侧。此时应及时堵塞漏洞或维修有缝隙的墙壁、门窗。

图 3-3-14 温度过高

图 3-3-15 温度过低

③根据强弱雏和天气等进行调整。弱雏所需的温度要高些，强雏所需的温度要低些；在大风、降温的天气，其温度要高些，夜间的温度比白天的温度要高些；在免疫、断喙后的 1～2 d，其温度要高些；在发病时，其温度要高些。

(3)脱温　脱温是指不需要人工给温。

①脱温时间。根据育雏季节、雏鸡健康状况及外界气温变化，灵活掌握，一般在 3～5 周龄时进行。体质差的鸡群或防疫期间应延迟脱温。

②脱温方法。脱温要逐渐进行，不能突然停止供温。白天不加温，晚上加温；晴天不加温，阴天、雨天加温。要逐渐减少每天的加温时间，最后完全脱温，脱温过渡期为 1 周左右。

③脱温后管理。夜间要经常检查、观察鸡群，静听雏鸡是否发出异常的叫声，防止打堆压死，保证其脱温安全。

(4)常用的保温设备　常用保温设备有保温伞、红外线灯、烟道、煤炉、水暖锅炉和热风炉等。

①保温伞。热源用电阻丝、电热管等。直径 2 m 的保温伞可养鸡 300～500 只。挂离地面高 10～15 cm(图 3-3-16)。

②红外线灯。灯泡规格多为 250 W。一个红外线灯可保温雏鸡 100～150 只。灯泡挂离地面高度 35～50 cm 处。不要挂在饲料槽(桶)和饮水器上(图 3-3-17)。

③煤炉。由炉灶和铁皮排烟管组成。排烟管要伸出室外，防止倒烟、防煤气中毒。每 20 m^2 放一个煤炉(图 3-3-18)。

图 3-3-16 保温伞保温

④烟道。其有地上、地下式，由炉灶、烟道、烟囱组成。注意防止烟道漏烟。

图 3-3-17　红外线灯保温

图 3-3-18　煤炉保温

2. 湿度

(1)湿度要求　7 日龄内的雏鸡因蛋黄收缩未完全，所以需保证足够的湿度，相对湿度以 65%～70%为宜，以后以 55%～60%为宜。在生产中，以防潮为主，避免出现高温、高湿或低温、高湿。高温、高湿鸡易发生球虫病，低温高湿鸡易感冒。

(2)湿度控制　使用干湿度计，随时检查后调整湿度。

当湿度过低时，可采用舍内挂湿帘、热源上放水盆、喷雾器喷水等措施增加湿度；当湿度过高时，可采用加强通风、勤换垫料、网上平养和笼养及时清粪、防止饮水器漏水等措施。

3. 通风

鸡舍保持通风可排除舍内的氨气、硫化氢、二氧化碳等有害气体以及多余的水分和热量。如舍内通风不良，空气污浊，易发生呼吸道疾病和腹水症。

(1)通风换气的要求　在保温前提下尽量加大通风。1～2 周龄以保温为主，3 周龄注意通风，适当加大通风量和延长通风时间，4 周龄后加大通风。

(2)通风换气方法　分为自然通风和机械通风。半开放式鸡舍主要通过开关门窗来换气，密闭式鸡舍主要靠机械通风换气。纵向通风效果优于横向通风。在采用纵向通风时，水帘风机结合的降温效果最好(图 3-3-19、图 3-3-20)。

图 3-3-19　水帘风机降温(风机)

图 3-3-20　水帘风机降温(水帘)

4. 光照

肉用仔鸡的光照目的是延长采食时间，促进生长。但光照强度不能太强。

(1)光照要求　光照时间较长，光照强度小。长时间光照可延长采食时间，促进生长，以达到快速增重的目的；弱光光照可使鸡群安静，促进生长和控制猝死症。肉用仔鸡的光照制度有 2 种，即连续光照制度和间歇光照制度(表 3-3-3)。

表 3-3-3　肉用仔鸡光照制度

类别	光照时间	光照强度
连续光照制度	1～2 d，24 h/d 光照，以后每天 23 h 光照，1 h 黑暗	第 1～2 周为 10 lx(40 W/20 m^2) 第 3 周开始直至出栏为 5 lx(15 W/20 m^2)
间歇光照制度	密闭鸡舍：1 h 光照，3 h 黑暗 开放鸡舍：白天自然光照，夜间 1 h 光照，3 h 黑暗	

(2)光照控制　开放式鸡舍要采用各种挡光的方式遮黑。密闭鸡舍则应安装光照强弱调节器，以按照不同时期的要求来控制光照强度。

5. 密度

每平方米地面或笼底面积饲养的雏鸡数称为饲养密度，简称密度。密度过大，鸡群拥挤，采食不均，导致生长发育不整齐，易诱发啄癖；密度过小，房屋和设备利用率低，育雏成本高，同时也难以保温。

(1)密度要求　厚垫料平养第 1 周龄为 40 只/m^2，以后随年龄增长逐渐降低，出栏时达到 10～12 只/m^2，网上平养的密度比垫料地面平养的密度增加 20%～30%，笼养的密度可增加 1 倍(表 3-3-4)。

(2)密度控制　随雏鸡年龄增长，通过扩栏和分笼，来逐渐降低饲养密度。

表 3-3-4　垫料地面平养肉用仔鸡的饲养密度

周龄	饲养密度/(只/m^2)	备注
1	40	每周应将鸡群扩栏一次。在 22 日龄时可将鸡群扩满整个鸡舍
2	30	
3～4	25	
5～6	16～17	
7～8	10～12	

6. 保持环境安静

雏鸡喜群居，胆小易受惊，各种惊吓和环境条件突然改变都会影响其生长发育，因此保持环境安静，才能确保其生长良好。

(四)满足营养需要

肉用仔鸡具有快速生长的遗传特性。日粮中的丰富营养是充分发挥其特性的基本条件，因此肉用仔鸡对营养要求严格。应保证供给其高能量、高蛋白及维生素、微量元素丰富而平衡的日粮。

肉用仔鸡对营养物质需要的特点是前期蛋白质高、能量低，后期蛋白质低、能量高。

按我国现行肉用仔鸡饲养标准要求，0～21 日龄的日粮要求：蛋白质为 21.5%，代谢能为 12.54 MJ/kg；22～42 日龄的日粮要求：蛋白质为 20%，代谢能为 12.96 MJ/kg；42 日龄以后的日粮要求：蛋白质为 18%，代谢能为 13.17 MJ/kg。

（五）合理饲喂

肉用仔鸡生长速度快、饲养期短。如果前期生长受阻，以后就很难补偿。饲养过程的关键措施是加强早期饲喂，保证足够采食量，做到早入舍、早饮水、早开食。

1. 先饮水，后开食

雏鸡入舍后经短时间休息、适应后，先饮水后开食。雏鸡出壳后第 1 次饮水称为开饮，雏鸡出壳后第 1 次吃料称为开食。

（1）开饮

①开饮时间：雏鸡在育雏舍安置 30 min 左右，应给饮水（图 3-3-21、图 3-3-22）。

图 3-3-21　真空饮水器开饮

图 3-3-22　乳头式自动饮水器

②饮水配制：最好为 20 ℃左右的温水，水中应添加 5%葡萄糖、电解多维等，连饮 1 周，提高成活率。1 周后饮清洁凉水即可。

③饮水器摆放：与料盘交替放置，距离不能太远，应在 1 m 以内。

（2）开食

①开食时间：出壳后 24～36 h，饮水 2～3 h 后进行。

②开食饲料：用雏鸡全价饲料开食，可喂干料或湿料。湿料以手握不成团为宜，湿料有助于采食，但要现配现喂。

③开食方法：将开食饲料放在开食盘、厚垫纸或塑料薄膜上，可轻敲料盘引诱鸡只采食。每隔 2 h 喂料 1 次，做到少喂勤添（图 3-3-23）。

（3）人工训水、训料

人工训水、训料对不会采食、饮水的鸡只进行。其方法是轻轻敲打饮水器、开食盘；个别鸡只可人工握住鸡头部，将鸡喙按在水盘、食盘中，反复 2～3 次即可。若使用乳头式自动饮水器，在开始时应加吊杯，诱鸡饮水。

图 3-3-23　开食盘开食

2. 合理喂料

(1)饲料选择　采用颗粒饲料。颗粒料营养全面,不容易出现挑食,并且适口性好,可促进鸡只采食,增重快,饲料转化率高,比粉料的饲养效果好。

(2)饲喂方法　自由采食,少喂勤添,以刺激鸡采食和确保饲料质量。肉用仔鸡饲喂时间是昼夜饲喂。喂饲次数为:第 1 天每隔 2 h 喂料 1 次,第 1 周 6～8 次/d;第 2 周 6 次/d,白天 4 次,晚上 2 次;第 3 周 4 次/d,以后喂料 2 次即可。在喂料要定时,喂料时间间隔要均匀,喂料量要随日龄逐渐增加,要少喂勤添。

(3)换料方法　更换不同阶段饲料一般要经过 5～7 d 时间逐渐过渡,不能突然更换,以免造成应激影响消化。其做法是:第 1～2 天喂前料 2/3、后料 1/3,第 3～4 天喂前料 1/2、后料 1/2,第 5～6 天喂前料 1/3、后料 2/3,第 7 天全部换成后料。前料和后料要混匀后饲喂。

(4)调整喂料器　第 1 周用开食盘,从第 5 天起将开食盘逐渐换成料桶,每天撤走 1/3 开食盘,并增加料桶,3 d 后全部用料桶。随鸡的日龄调整喂料器的高度,以喂料器底盘边缘的高度与鸡背相平为宜。

3. 充足饮水

饮水器要备足,摆放均匀,高度要适当,以饮水器底盘边缘与鸡背相平为宜。饮水器每天清洗,确保不漏水,防止垫料和饲料霉变。饲养期间不能断水、缺水。如用乳头式自动饮水器,应在第 5 天起将真空饮水器靠近乳头饮水器,每天撤走 1/3 的真空饮水器,用 3 d 撤完。定期调整饮水器高度,在 1 周龄时,以鸡饮水时的头颈部与水平呈 45°为宜,以后保持为 70°～80°(图 3-3-24)。

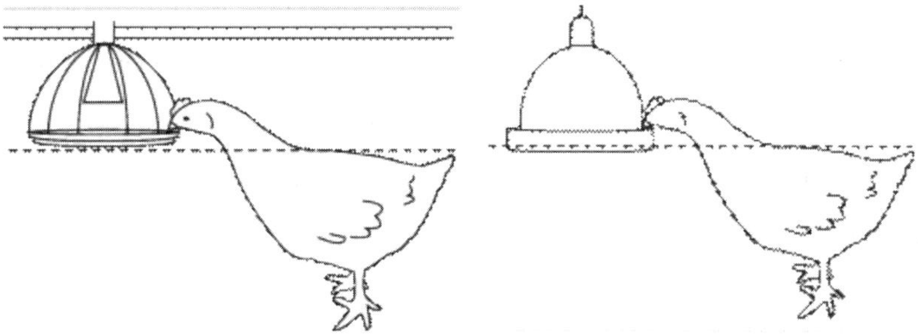

图 3-3-24　喂料器、饮水器底盘边缘的高度与鸡相背平

(六)管理技术

1.经常观察鸡群

应经常观察鸡群的精神状态、采食饮水、粪便、呼吸等情况。发现问题要及时分析原因，并采取对应措施解决。观察要从以下几个方面进行。

(1)观察雏鸡精神状态　健康鸡反应灵敏，活泼好动，病鸡迟钝或呆立一处。

(2)观察采食和饮水　健康鸡食欲旺盛，采食急切，饮水量适中；病鸡则食欲下降或废绝，饮水量增加。

(3)观察粪便　健康鸡粪便为灰绿色，上有一层白色尿酸盐相连，稀稠适中；病鸡则有稀粪或颜色异常。

(4)听音　在晚上关灯后，听是否有咯音、呼噜音、甩鼻音等声音。如有声音，就说明鸡群有病。

2.分群

按鸡的大小、强弱、公母分群，不断剔除病、弱、残、次鸡。根据鸡群的不同情况分开饲养，能提高鸡群整齐度。为减少应激，分群可结合防疫工作进行。公母分群最好在育雏开始前进行。

3.防止应激，减少残次品

防止和减少胸囊肿、脚病、挫伤和骨折等是提高肉用仔鸡胴体合格率的重要措施。其主要措施为保持干燥松软的垫料，笼养或网上饲养使用质量合格的弹性塑料网垫；饲喂维生素、矿物质等营养丰富的饲料；抓鸡前移走舍内设备，轻拿轻放等。

4.出栏管理

(1)适时出栏　肉用仔鸡饲养到6～7周龄，体重在达到2 kg出栏最为经济。7周龄后的肉用仔鸡生长速度开始下降，以后增重慢，耗料多，饲料转化率下降，饲养成本增加。

(2)正确抓鸡、运鸡，减少损伤　出栏在夜晚或凌晨时进行。此时鸡只活动少，气候比较凉爽，抓鸡应激小。出栏前4～6 h停喂饲料。在抓鸡前，将所有设备移走或升高，避免在捕捉过程中损伤鸡体或损坏设备。关闭大多数灯泡，舍内光线变暗。用围栏把舍内鸡分隔成几群，防止鸡群挤堆窒息死亡。

抓鸡要抓鸡腿部，不能抓翅膀和其他部位，以免骨折或出现淤血。入笼时要小心，避免扔鸡、踢鸡。每个笼装鸡数量不能过多，尤其是盛夏，要防止闷死、压死。在装车时，不要压到鸡头部或爪。在炎热季节装车时，要留足通风间隙；在寒冷季节装草时，要使用帆布遮盖。

5.做好生产记录

生产记录包括日龄、数量、每天实际存栏数、死淘数、饲料型号、耗料数、温度、湿度、每周末体重、饲料更换、消毒、免疫以及用药等情况(表3-3-5)。

表 3-3-5　肉鸡饲养记录

进雏时间：　　　　数量：　　　　购雏种鸡场：

日期	日龄	实存	死淘	温湿度	日耗料	备注

【知识拓展】

一、一体化经营模式或联合体模式

一体化经营或联合体模式是指集种鸡饲养、孵化、饲料生产、屠宰加工、销售为一体的行业企业，采用“公司＋农户”“公司＋基地”等经营模式进行产业化生产，实行产供销一条龙。“公司＋农户”模式是公司与农户签订长期饲养合同，以固定价格向农户统一提供鸡苗、饲料、兽药、技术管理并回收毛鸡。合同户只负责饲养管理，肉鸡出栏后由公司保价回收，公司给农户固定的利润，由公司承担全部的市场风险。公司与农户互惠互利，责任均担。对公司而言，鸡源供应和质量相对稳定；对农户而言，风险较小，收入稳定。“公司＋基地”模式由实力雄厚的一体化公司自建大规模的自养鸡场，鸡源供应和食品安全可以确保，但投资大，管理难度大，成本相对较高。

二、肉用仔鸡 56 日饲养管理操作规程

(一)1～2 日龄

①进雏前育雏器下温度达到育雏温度为 34～35 ℃，湿度为 65%～70%。

②第 1 周用 20 ℃温开水，开饮水中加 5%～8%葡萄糖或电解多维。

③开饮 2 h 后给雏鸡开食，饲喂雏鸡料，放入开食盘或将厚塑料膜铺在网上或地面上，然后撒上饲料，每次饲喂 30 min，并每隔 2 h 喂料。检查鸡群的采食情况，以确保所有鸡只吃到料和水。

④采用 24 h 光照，40 W 灯泡。

⑤饲养密度为 40 只/m^2。

⑥观察温湿度情况，检查白痢病是否发生。病雏要立即隔离治疗或淘汰。

(二)3～4 日龄

①育雏器的温度降至 32～33 ℃。湿度为 65%～70%保持至 10 日龄。

②饲喂全价配合饲料。少喂勤添，每天 8～10 次。

③饮水器每天洗刷换水 2 次。

④光照时间为 23 h，夜间关灯 1 h。

⑤严格观察鸡群，淘汰病弱雏，添加药物预防白痢病的发生。

(三)5～7 日龄

①每 3 h 左右喂一次料，每天喂料 6 次，白天 4 次，晚上 2 次。并且在 3 d 内逐渐换成料桶喂料。

②换用较大饮水器。如用乳头饮水器，应将水真空饮水器靠近乳头饮水器，乳头饮水器高度以雏鸡饮水成 45°为宜。3 d 内逐渐撤去真空饮水器。保持不断水。

③继续投药预防白痢。

④育雏器下的温度降至 30～32 ℃。

⑤周末称重，记录平均体重。拣出弱小的鸡分群饲养，并抽测耗料量。

⑥周末扩栏，密度 35 只/m^2。

(四)8～14 日龄

①育雏器下的温度降至 28～30 ℃。

②改用大饮水器或自动饮水器、料桶喂水喂料。自由采食，保证全天有料有水。增加通风量，清扫粪便，添加垫料。

③改用 15 W 灯泡照明，光照时间为 16 h。

④进行鸡新城疫首免和传染性法氏囊病免疫，即在 10 日龄时，用鸡新城疫Ⅱ系或 Lasota 系疫苗滴鼻点眼；在 14 日龄时，用鸡传染性法氏囊病疫苗饮水免疫。

⑤周末称重，捡出弱小的鸡分群饲养，并抽测耗料量。

⑥周末扩栏，饲养密度为 30 只/m^2。

(五)15～21 日龄

①育雏器下的温度降至 28～26 ℃ 。湿度保持为 55%～60%，光照时间为 16 h。

②调整饲槽和饮水器，使之高度合适，长度足够。饲料中添加药物预防球虫病。

③加强通风，降低舍内氨气和硫化氢气体的浓度。

④在 19～22 日龄时，逐步将雏鸡料换成中鸡料，2 种饲料要混匀。

⑤周末抽测体重，检查采食量和体重是否达到预期增重和耗料参考标准，以便适时改善饲粮配方和饲喂方法，调整饲喂次数。

⑥周末扩栏，密度为 10 只/m^2。

(六)22～42 日龄

①改喂中鸡饲料，自由采食，调整料桶、饮水器高度。

②逐渐撤去育雏器，降到常温，最好为 24～21 ℃；湿度为 55%～60%；光照时间应调整为 22 h。

③经常观察鸡群，将弱小鸡挑出分群，加强管理。

④进行新城疫 Lasota 系疫苗饮水免疫。

⑤在饲料或饮水中继续添加抗球虫药物。

⑥周末抽测体重，检查采食量和体重是否达到预期增重和耗料参考标准，以便适时改善饲粮配方和饲喂方法，调整饲喂次数。

⑦加强通风，及时翻动垫料，增加新垫料，注意防潮。

⑧在 36～38 日龄时，逐步将中鸡料换成大鸡料，2 种饲料要混匀。

(七)43～56 日龄

①改喂大鸡饲料，自由采食，使鸡快速生长。调整饮水器及料桶高度，减少浪费。

②加强通风，减少光照强度，使其运动降到最低限度。

③停用一切药物。

④联系送鸡出栏，做好出栏的准备工作。

⑤出栏前 4 h，撤出饲桶。在抓鸡入笼时，装卸要小心，防止外伤。

【职业技能测试】

一、填空题

1. 肉用仔鸡的饲养方式有__________、__________、__________。

2. 在肉用仔鸡两段法饲养中，前期为__________，后期为__________。在三段法饲养中，前期为__________，中期为__________。后期为__________。

3. 肉用仔鸡雏鸡入舍后应先__________后__________。

4. 肉用仔鸡饲喂方式采用__________，并按__________原则喂料，第 1 周的日喂料次数一般为__________。

5. 在雏鸡第 1 周的饮水中可添加__________、__________等，可减少早期的死亡率。

6. 肉用仔鸡舍湿度要求：前期__________，后期__________。湿度过大易发生__________，湿度过小易发生__________。

7. 雏鸡舍温度要求：第 1 周__________，第 5 周后保持在__________。此时是肉用仔鸡__________和__________的最佳温度。

8. 肉用仔鸡鸡舍通风要求：____________________。第 1～2 周__________，3 周龄__________，4 周龄后__________。

9. 肉仔鸡饲养密度要求：第一周__________，出栏时__________。密度过大会导致__________，诱发__________。

10. 肉用仔鸡光照要求：光照时间__________，光照强度__________。

11. 保温灯悬挂高度一般为__________ cm。

12. 使用煤炉保温应有排烟管伸出舍外，防止__________中毒。

13. 掌握育雏温度的正确做法，一是参考____________，二是____________，三是____________。

14. 常用的保温设备有____________、____________、____________。____________、____________等。

15. 鸡舍防潮措施有__________、__________、__________等。

16. 肉用仔鸡一般饲养__________日龄出栏，出栏体重达__________以上，料肉比__________。连续生产 1 年可饲养__________批。

二、判断题

(　)1. 肉用仔鸡采用自由采食可保证采食量。

(　)2. 肉用仔鸡应喂粉料以提高均匀。

(　)3. 肉用仔鸡公母分群饲养可提高鸡群发育整齐。

(　)4. 脐口愈合不良、卵黄吸收不好的都是弱雏。

(　)5. 肉用仔鸡生长快，生产周期短。
(　)6. 肉鸡实行“全进全出”有利于防疫和管理。
(　)7. 雏鸡少喂勤添可增加采食量，有助生长。
(　)8. 饲料更换时要逐渐过渡，不能突然更换。
(　)9. 雏鸡的第一次饮水叫开饮。
(　)10. 雏鸡的第一次吃料叫开食。
(　)11. 肉用仔鸡采用弱光光照不利于生长.
(　)12. 喂料器、饮水器高度应随鸡年龄增长调整至底盘边缘低于鸡背。
(　)13. 使用乳头式自动饮水器的高度应以雏鸡饮水时角度呈 80°为宜。
(　)14. 育雏第一周如果温度太低不利于卵黄吸收。
(　)15. 肉用仔鸡增重和饲料转化的最佳温度是 25～30 ℃、
(　)16. 肉用仔鸡舍内通风不良易引起腹水症。
(　)17. 雏鸡靠近热源，拥挤打堆，表明温度过低。

三、问答题

1. 肉用仔鸡的生产特点有哪些？
2. 如何判断雏鸡鸡舍温度是否合适？
3. 育雏前应做好哪些准备工作？
4. 如何选择健康雏鸡？
5. 如何做好雏鸡的接运？
6. 肉用仔鸡出栏管理有何要求？
7. 肉用仔鸡的饲养管理技术要点？
8. 不同阶段换料的方法是什么？
9. 如何观察鸡群？
10. 雏鸡如何进行脱温？

任务四　优质肉鸡的饲养管理

【学习目标】

优质肉鸡生产目标是肉质好和外观符合消费者需求，成活率，饲料转化率，出栏总重，整齐度要好。需要了解优质肉鸡饲养阶段、生长发育特点、饲养方式。掌握优质肉鸡饲养管理特殊技术及断喙、放养技术。能够正确进行优质肉鸡的饲养管理。

【必备知识】

一、优质肉鸡生产特点

与肉用仔鸡不同，除要求获得好的成活率、饲料转化率、出栏总重、整齐度外，优质肉鸡生产更重视肉质和外观，要求上市时冠红、面红，毛黄(麻)、皮黄、胫细短而黄、羽毛紧凑有光泽、肉质好。

二、优质肉鸡饲养阶段的划分

(一)两段法

育雏期为 0～6 周龄,生长肥育期为 6 周龄至上市。

(二)三段法

育雏期为 0～6 周龄,生长期为 7～11 周龄,肥育期为 12 周龄至上市。

(三)按饲养阶段饲料的划分

前期料(小鸡料)、中期料(中鸡料)、后期料(育肥料)。

三、优质肉鸡的生长发育特点

(一)生长速度较慢,生产周期长

快速型 60 日龄上市体重为 1.3～1.5 kg,中速型 90 日龄上市体重为 1.5～2.0 kg,慢速型 100 日龄以上上市体重为 1.1～1.5 kg,生长速度仅是快大型肉鸡的 50%以下,快速型和中速型生长高峰出现在 5 周龄,慢速型生长高峰期出现在 8 周龄后。

(二)对饲料营养水平要求较低

在低蛋白(粗蛋白质为 19%)、低能量(11.30 MJ)的营养水平下,0～5 周龄仍能正常生长。

(三)生长后期对脂肪的利用能力强

生长后期应使用高能饲料进行育肥,鸡毛色光亮,体态丰满。

(四)羽毛生长丰满

优质肉鸡摄入的营养首先用于满足羽毛生长。如营养缺乏,鸡的羽毛生长虽正常,但体重增长很慢。当优质肉鸡生长到 80～100 日龄时,就会出现一次换羽现象。在换羽后,其体重会有较快增长。

(五)性成熟早

我国南方一些地方品种在 30 日龄已出现啼鸣,母鸡 100 d 就开始下蛋,其他育成的优质肉鸡品种在 50～70 日龄时冠红、啼鸣。

【实践案例】

如果你想在当地从事优质肉鸡饲养,请根据实际情况确定饲养方式,制定饲养管理技术操作规程。

【实施过程】

一、育雏前准备

进鸡前做好准备工作,包括鸡舍、设备、饲料、垫料、药品、育雏舍的预温、雏鸡的的选择、接运等,请参考肉用仔鸡进雏前的准备(表 3-3-5)。

二、饲养方式

优质肉鸡既可采用舍饲，也可采用放养。为提高生长速度、成活率及肉质，优质肉鸡一般在6周龄前舍饲，在6周龄后放养。

(一)舍饲

舍饲指全程饲养在舍内。与肉用仔鸡一样，优质肉鸡可采用地面平养(图3-4-1)、网上平养和笼养(见肉用仔鸡饲养方式)。优质肉鸡生长速度慢，体重小，因此胸囊肿现象基本不会发生。优质肉鸡可以采用笼养。特别是在后期肥育阶段，采用笼养的饲养方式可更明显地提高肥育效果(图3-4-2)。

图3-4-1 舍饲地面平养

图3-4-2 舍饲笼养

(二)放养

放养是指将鸡放养在面积较大的运动场或山林、果园、荒坡等。放养鸡既能在大自然中自由活动，可采食虫草、沙砾和泥土中的微量元素等，又能增强体质，改善肉质，鸡外观紧凑，羽毛光亮(图3-4-3、图3-4-4)。

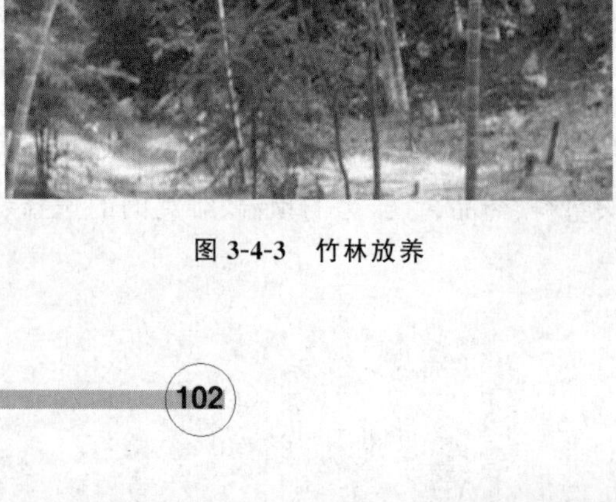

图3-4-3 竹林放养

图3-4-4 果园放养

三、环境控制

(一)温度

第1周为31～34 ℃,前3天不得低于33 ℃;第2周为29～31 ℃;第3周为25～27 ℃;第4周为21～23 ℃,以后以18～20 ℃为宜。4～6周龄逐渐脱温。当温度适宜时,鸡群活泼、分布均匀;当温度过低时,鸡群则紧靠热源,拥挤打堆;当温度过高时,鸡群则远离热源,张口呼吸。

(二)湿度

第1周龄内育雏室的湿度应保持在65%～70%,以后以55%～65%为宜。2周后保持舍内干燥,注意通风,避免饮水器洒水,防止垫料潮湿。

(三)光照

光照时间的长短和光照强度对肉鸡生长发育的影响与性成熟有很大关系。与肉用仔鸡不同,光照对优质肉鸡还具有促进性成熟的作用,使其上市时冠大脸红,提早性成熟(表3-4-1)。

表3-4-1 优质肉鸡光照制度

年龄	1～2日龄	3～7日龄	8～13日龄	14日龄至育肥开始前14天	育肥期前2周	育肥期前1周	育肥期
光照时间/h	23～24	20	16	自然光照	16	20	23～24
光照强度/lx	60	40	30		20	30	40

(四)通风

育雏期应在保温前提下加强通风,生长后期加大通风,保持空气新鲜,舍内氨气等有害气体含量不超标。

(五)饲养密度

饲养密度如表3-4-2所列。

表3-4-2 优质肉鸡饲养密度

周龄	地面、网上平养/(只/m^2)	笼养/(只/m^2)
0～4周龄	30	45～60
5～8周龄	15	25～30
8周龄后	8	12～15

四、营养与饲料

与肉用仔鸡相比,优质肉鸡对饲料营养水平要求较低。在粗蛋白质为19%、能量为11.30 MJ的低蛋白、低能量的营养水平下,0～5周龄仍能正常生长,因此应适当控制营养水平,使用优质肉鸡专用饲料或按优质肉鸡营养需要配制饲料。不盲目使用快大肉仔鸡料,以免影响饲料报酬和鸡肉品质。采用颗粒料自由采食,各阶段换料要逐渐过渡。

五、各期饲养管理技术要点

(一)育雏期饲养管理要点

1. 合理饲喂

做好饮水与开食,采用颗粒料自由采食,提供足够的采食、饮水位置,定期调整饮水器、喂料器的高度,保证充足的采食时间以保证足够采食量。其做法参考肉用仔鸡。

2. 定期喂沙砾

鸡无牙齿,食物靠肌胃蠕动和胃内沙砾研磨,饲喂沙砾可促进消化,刺激食欲。在 4 周龄时,每 100 只鸡喂 250 g 中等大小的沙砾;在 8 周龄后,垫料平养时,每 100 只鸡每周补充 500 g;在 8 周龄后,网上平养和笼养时,每 4～6 周龄补充 450～500 g,颗粒直径为 3～4 mm。

3. 断喙

(1)断喙目的　优质肉鸡活泼好动,喜追逐打斗,特别容易引起啄癖。啄癖不仅会引起鸡只死亡,还会影响以后的商品外观,造成较大的经济损失。舍内饲养密度大的鸡群可进行断喙,以减少啄癖和死淘率,同时能节省饲料,提高饲料报酬。放养鸡是否需要断喙,可根据具体情况确定。

(2)断喙时间和断喙用具　一般在 7～10 日龄断喙。断喙用专用电动断喙器(图 3-4-5)。

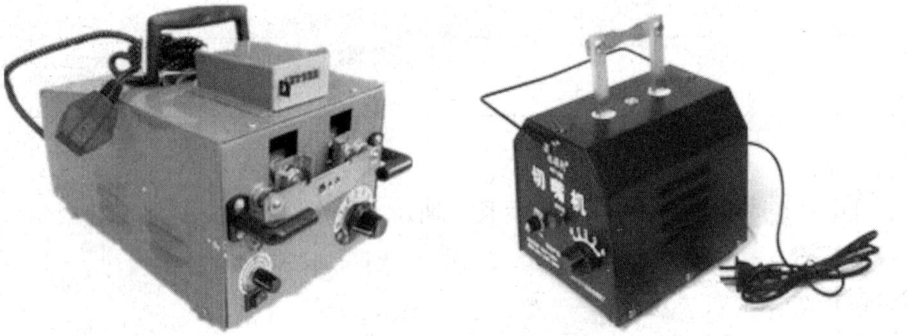

图 3-4-5　电动断喙器

(3)断喙方法　左手轻握雏鸡,右手拇指轻压鸡头部,食指放在鸡的下颌轻压咽喉部,使鸡的舌头缩回,将鸡喙合拢放入合适的断喙孔(0.44 cm 为宜),借助灼热的刀片(800 ℃左右,刀片呈暗樱桃红色),将上喙(喙尖至鼻孔)断 1/2,下喙断 1/3,并在切口处灼烧 2～3 min,止血(图 3-4-6 至图 3-4-8)。

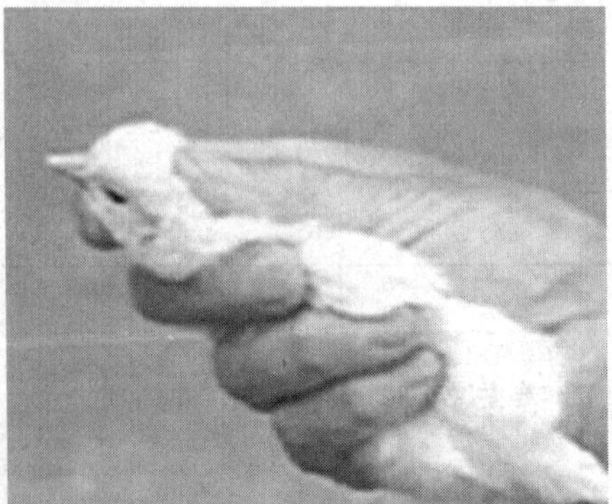

图 3-4-6　保定雏鸡

图 3-4-7 切烙断喙

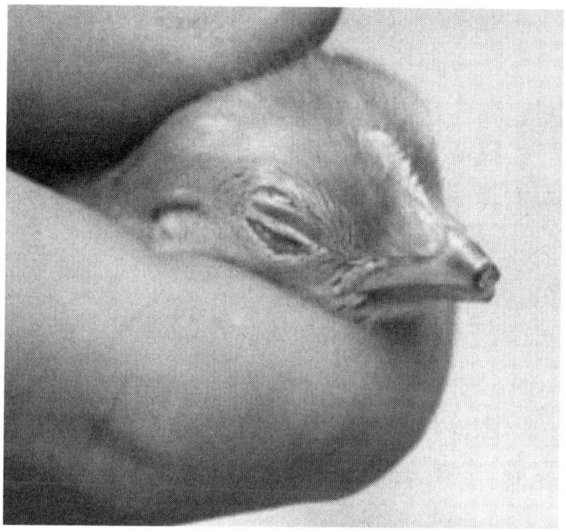

图 3-4-8 断后嘴形

(4)断喙的注意事项 断喙器应清洗和消毒。断喙的鸡群要健康。断喙的长度要适宜、切口要平;断喙后不出血,对流血不止的鸡只要重新烧烙止血;断喙前后 2 d 要在水中加入维生素 K 和维生素 C,以防出血和应激;断喙后的料槽内饲料厚度要增加,以防喙碰撞槽底。

4.喂料调教

若后期采用放养方式,喂料时就应给鸡固定的信号,鸡由此建立条件反射。一听到信号,就会跑来采食,为以后放养做准备,如吹哨、敲盆等。要注意信号声音要轻,以防鸡只炸群。

(二)生长期的饲养管理要点

1.转群换料

优质肉鸡在育雏后可不转群(舍内平养)或转群一次(舍内笼养育雏、放养育成)。转群方法:在晚上进行,舍内光线要暗;在转群时,抓鸡、装鸡的动作要轻;转群后几天晚上舍内要开灯过夜,仍喂雏鸡料,几天后再将雏鸡料逐渐换成中鸡料。在转鸡前后,要给鸡饮用多种水溶性维生素及抗生素类药物 3～4 d,以减少转群及换料的应激反应。

2.公、母分群饲养

由于生理基础不同,公、母鸡对环境条件、营养需要以及生长速度都不同。公鸡羽毛长得较慢,增重快、饲料效率高,易受环境的影响,争斗性强。而母鸡沉积脂肪能力强,增重慢,饲料效率差。当公、母混群饲养时,公、母体重相差达 500 g 左右。分群饲养一般只差 125～250 g。尤其优质肉鸡饲养时间长,对公、母鸡上市日龄和体重要求差异大,因此优质肉鸡应公、母分开饲养,可提高增重、饲料转化率和整齐度,降低残次品率。公、母分群可在转群时进行,也可在育雏一开始就进行。

(四)育肥期的饲养管理要点

1.育肥

①在出栏前 15～20 天开始育肥。

②饲喂高能饲料,将生长期料换成育肥期料。在饲料中添加 3%～5%的动物性油脂或富含淀粉的红薯、木薯等。

③限制鸡的活动范围,最好采用笼养,以减少鸡的活动量,加速蛋白质和脂肪的沉积。

④提高饲料适口性。在炎热干燥季节应将饲料改为湿料饲喂，增加采食量。

⑤鸡舍环境应阴凉干燥，光线暗些。

2. 改善肉色肉质

喂富含黄色素的饲料原料，如黄玉米、玉米蛋白粉、草粉、青绿饲料等，还可在饲料中加入大蒜、茴香、桂皮等添加剂，以增强鸡体皮肤的色素沉积，改善肉质和增加鲜味。

六、放养技术

(一)选择放养场地

放养场地要有良好的生态条件。应选择地势高燥、避风向阳、排水良好、空气清新、环境安静、水源方便、无污染的草山草坡、果园、山地林地等。

1. 林地

宜树冠较小、树木稀疏。有一定的高度，鸡舍坐北朝南，鸡舍与运动场地势应比周围高，倾斜度以 10°～20°为宜，最好是成林林地(图 3-4-9)。

2. 果园

以干果、主干略高的果树和农药用量少的果园为好，如柿园、茶园、桑园、龙眼林、荔枝林等(图 3-4-10)。

3. 草地

应地势高燥，避开低洼，风口、易塌方的地方，最好种有树林或搭设遮阴棚(图 3-4-11)。

图 3-4-9　林地放养

图 3-4-10　果园放养

图 3-4-11　草地放养

(二)建简易鸡舍(棚)

鸡舍(棚)要求能挡风、避雨、遮阳、防寒，以简易、经济为原则。选择地势较高、背风向阳的平地搭建棚舍，可选用砖瓦、竹木、油毡、石棉瓦、篷布等搭建坐北朝南的鸡舍。棚舍跨度 6～8 m，高为 2.0～2.5 m，长度依据养鸡数量而定，一般 500 只鸡为一个养鸡单元。可按

15～20 只/m^2 搭建棚舍。地面可是水泥、泥地、棚条漏缝地面，棚舍四周需留排水沟（图 3-4-12）。棚内安装电灯、搭设栖架（图 3-4-13）。让鸡在栖架上站立，既可避免夜间受凉及受潮湿环境的影响，又可以防止在地面由挤堆造成的伤亡。

图 3-4-12　简易鸡舍

图 3-4-13　栖架

（三）围网筑栏

放养场地比较大或场地内分批饲养应用尼龙网、铁丝网等将场地围栏封闭。一般栏高为 1.5 m（图 3-4-14）。

（四）放置饲养设备用具

在放养场地安装好自动饮水装置，配备足够数量的饮水器和料盘，鸡舍一侧设置专门补料区。放置料盘和饮水器应根据饲养鸡的数量而定，一般按每 30 只鸡配 1 个料桶和 1 个饮水器。饮水器最好采用封闭式饮水器（图 3-4-15）。

图 3-4-14　围网筑栏

图 3-4-15　放置料桶和饮水器

（五）放养过渡

1. 转群

雏鸡经舍内饲养 4～6 周即可脱温，夏季在 30 日龄时，春秋在 35 日龄时，冬季在 45 日龄时即可转入舍外饲养。转群应选择天气暖和的晴天，并于晚上进行为好。转入放养棚的雏鸡不宜立即放养，应在棚内进行 5～7 d 的适应性饲养，以避免鸡放养后不回棚舍过夜。

转群后的饲料与育雏期的饲料相同，不要突然改变（图 3-4-16）。

2. 放养训练

选择天气暖和的晴天放养。在开始的几天，每天应放养 2～4 h，以后逐日增加放养时间。在开始时，可设围栏限制，并不断扩大放养面积。通过移动料桶、料槽的方法训练。

3. 回舍补料训练

通过投料时敲盆、吹哨等方法进行训练，鸡只形成条件反射，以利于放养时能定时回舍补料，此工作应在育雏期就开始。在放养初期再使用相同方法进行强化性训练，而且应做到“三定”，即定地点、定时、定信号。

图 3-4-16　放养过渡

（六）放养密度及季节

每亩山地以饲养 80～100 只为宜，以每群 500 只左右为宜。放养季节在每年虫草较多的 3—11 月，冬春季气温较低，应采用舍饲为主、放养为辅的饲养方式。

（七）分区轮牧

规模大的场地分成若干个小区隔离饲养。按 3～5 亩/栏实行围栏分区轮牧，每区放养周期控制在 1 个月左右，这样有助于防止由过度放牧造成的植被破坏。同时放牧地通过日光照射可达到杀死病菌的目的。

（八）补饲饲料

1. 补配合料

根据放牧采食情况，补饲精料。最好采用全价配合饲料饲喂。每天喂 1～2 次。如果喂 2 次，应安排在早、晚进行，并且做到“早喂少、晚喂饱”。如果喂 1 次，则应安排在晚上喂。为减少饲料的浪费，可以将饲料拌湿后饲喂，但要现拌现喂。在放养后 1～5 d，仍按育雏期的喂料量给料，在 5 d 后，开始按各阶段饲料量减料，料量为舍饲的 50%～70%（图 3-4-17）。

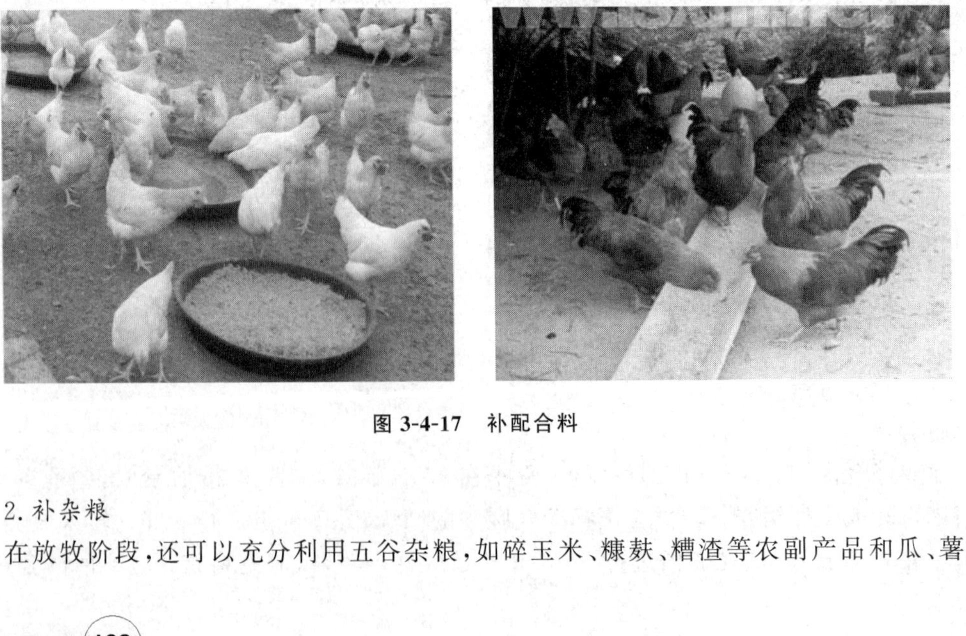

图 3-4-17　补配合料

2. 补杂粮

在放牧阶段，还可以充分利用五谷杂粮，如碎玉米、糠麸、糟渣等农副产品和瓜、薯、牧草、松针粉等青绿多汁料补饲。这种方式既可以降低成本,又能增加鸡只的啄食时间,从而减少互斗,还能增加鸡的嘴、脚、皮肤黄色度,提高鸡肉品质(图 3-4-18)。青饲料饲喂方法:直接投喂、剁碎投喂,或者打浆饲喂等。其中打浆饲喂的效果最好。打浆饲喂是指将青草青菜用打浆机打浆后与配合饲料拌匀饲喂。这种方法适合于规模大的鸡场,且要人工种植牧草。

图 3-4-18　补杂粮

3. 补油脂

出栏前 2 周,敞开供料,这一时期的鸡生长快,易肥。其可以在饲料中加 3%～5%的动物油脂拌匀喂鸡,这样可使鸡体丰满、羽毛有光泽。

(九)防止啄癖

放牧密度较大的鸡场可采取适当断喙的措施。饲养密度较小的鸡场最好不断喙。断喙应在育雏期 7～10 日龄进行。断喙适当浅断即可,以免影响鸡的啄食。不断喙的鸡群应注意观察。一旦发生啄癖,就应及时采取以下措施。

①及时将被啄的鸡只隔离饲养,啄伤的部位涂以紫药水或鱼石脂等带颜色的消毒药。

②检查饲养管理工作是否符合要求,如管理不善应及时纠正。如采用公、母分开饲养,分群放牧;减少饲养密度;在饮水中添加 0.1%的食盐;在饲料中添加矿物质添加剂和多种复合维生素;补喂青草杂粮,最好将草扎捆吊挂起来让鸡啄食;给鸡带防啄眼镜等。如采用上述方法鸡群仍发生很严重的啄癖和啄癖现象,则应对鸡群进行断喙。

(十)放养注意事项

①在开始放养的几天,为防应激,可在饲料或饮水中加入一定量的维生素 C 或复合维生素。

②当刮风下雨、露水太大时,停止放养,防止淋湿羽毛而受寒发病。

③放牧过程中善于观察鸡群,发现鸡只异常应及时挑出隔离治疗。

④鸡棚内外及鸡群活动场所应定期进行消毒,发生疾病应增加消毒次数。

⑤当果园、林地施用农药时,禁止放鸡。停放时间按农药安全期而定,以防止鸡发生农药中毒。

⑥鸡场应谢绝参观。在特殊情况下,参观者应进行消毒,在鸡棚出入口通道上放置消毒盆,进出要进行消毒。一旦发现病鸡,就应及时隔离饲养及治疗,以避免交叉感染。

【职业技能测试】

一、填空题

1.优质肉鸡的饲养方式有__________、__________、__________、__________。

2.在优质肉鸡两段法饲养中,前期为__________,后期为__________。在三段法饲养中,前期为__________,中期为__________。后期为__________。

3.为提高生长速度、成活率及肉质,优质肉鸡一般6周龄前采用__________,6周龄后采用__________。

4.优质肉鸡放养密度:每亩山地__________只为宜,每群__________只左右为宜。

5.放养舍内应搭设__________,可不接触粪便,同时避免夜间受凉及受潮湿环境的影响。

6.优质肉鸡放养期的补饲量为舍饲的__________。

7.优质肉鸡放养日补饲次数一般为__________。喂料时间一般安排在__________。

8.放养鸡定时回舍和喂料可通过投料时__________或__________的方法训练,而且应做到"三定"即__________、__________、__________。

9.优质肉鸡放养棚舍面积一般按每平方米__________只搭建。

10.优质肉鸡应定期喂__________________,促进消化。

11.优质肉鸡饲养时间长,公、母鸡上市日龄和体重要求不同,应进行__________。

12.雏鸡断喙的目的是__________、__________。一般在__________日龄进行,断喙部位__________、__________。

13 放养鸡青饲料饲喂方法有__________、__________、__________。

二、判断题

(　)1.优质肉鸡早期生长速度慢,性成熟早。

(　)2.放养的优质肉鸡最好不断喙。

(　)3 优质肉鸡后期放养可改善肉质。

(　)4.优质肉鸡对营养水平要求比肉用仔鸡要高。

(　)5.优质肉鸡生产更注重肉质和生长速度。

(　)6.优质肉鸡后期育肥可在饲料中添加动物性油脂。

(　)7.优质肉鸡放养不需要补饲饲料。

(　)8.优质肉鸡最好采用分区轮牧,可防止植被破坏,有利于提高资源利用率。

(　)9.雏鸡断喙时喂维生素C可防止出血。

(　)10.优质肉鸡实行公母分开饲养可提高增重、饲料转化率和整齐度,降低残次品率。

三、问答题

1 优质肉鸡的生长发育特点有哪些?

2.优质肉鸡防止啄癖有哪些措施?

3.优质肉鸡放养技术要点有哪些?

4.如何做好放养过渡?

任务五　肉用种鸡的选种与饲养管理

肉用种鸡的选种、选配技术

【学习目标】

为了提高肉用种鸡的产蛋量和种蛋合格率，选择优秀的种鸡是关键。在生产中，要掌握肉用种鸡选种指标和方法，才能保证种鸡群体的质量。

【必备知识】

一、种鸡的培育目标

种鸡是指用于繁殖后代的鸡。种鸡生产目的是提供优质的种蛋或种雏。种鸡的生产管理重点是保持种鸡良好的种用体况和旺盛的繁殖能力，以确保种鸡尽可能多产合格种蛋，并保证较高的种蛋受精率、孵化率和健雏率。种鸡饲养管理目标为以下几项。

(一)种蛋的合格率高

种蛋的合格率应在90%以上。

(二)种蛋受精率高

蛋用种鸡受精率达到90%以上，肉用种鸡受精率达到85%以上。

(三)死淘率低

生长期的死淘率不超过5%，产蛋期的死淘率不超过8%。

4. 健雏率高

健雏率达到98%以上。

二、种禽的选择方法

种禽是指用于交配并繁殖后代的公、母禽。只有优良种禽才能繁殖出质好量多的优良家禽。选种就是按照预定的选育目标，从禽群中选择出理想型的公、母禽作种禽。淘汰较差的个体。

在生产中，种禽的选择方法有2种：一是根据外貌和生理特征选择；二是根据生长发育和生产性能选择。

三、生产性能

生产性能也称为生产力，是指家禽生产产品的能力。家禽的生产性能包括肉用性能、蛋用性能、繁殖性能、生命力。

四、生长发育

生长是指身体各器官、系统的长大和形态变化，产生量的改变；发育是指细胞、组织和器官的分化完善与功能上的成熟，产生质的改变。两者密切相关，生长是发育的物质基础，而发育成熟状况又反映在生长的量的变化，生长发育衡量指标主要是体重和体尺。

【实践案例】

如果你是种鸡场的技术员，请制定一份三黄鸡种鸡的选种方案。

【实施过程】

在生产实践中，肉用种鸡选择应从鸡的外貌和生理特征、生长发育和生产性能进行选择。

一、根据外貌和生理特征选择

(一)雏鸡的选择

在进入育成期前要对种鸡进行选择，通常分3次。

1. 第1次选择

在1日龄时进行。将绝大多数母鸡雏留下，只淘汰过小、过瘦和畸形的母鸡雏。公雏要选留活泼健壮的雏鸡，其数量为选留母鸡雏的17%～20%。

2. 第2次选择

在6～7周龄时进行。这是选择的关键期。此时种鸡体重与后代呈现高度正相关，以后相关性降低。选择的重点是公鸡。此时公、母雏均能明显看出外貌不合格，将那些交叉喙、鹦鹉喙、歪颈、弓背、瘸腿、瞎眼、体重过小的淘汰。

在选公雏时，还要按照体重大小排序。选外貌合格、胸部和腿部肌肉发育良好、腿脚粗壮结实、体重较大的公鸡。其数量为选留母鸡数量的12%～13%，其余转为肉鸡饲养。

3. 第3次选择

在转入种鸡舍时进行。这次淘汰数很少，只淘汰那些明显不合格的如发育差、畸形、断喙过多的鸡。公鸡的数量按选留母鸡数量的11%～12%留下。

(二)育成鸡的选择

在17～18周龄转群时进行。选留外貌符合本品种要求，体形、体重符合标准，身体健康，结构匀称，冠髯大而鲜红，无缺陷的个体。淘汰发育不全、有缺陷和消瘦的个体。

(三)成年种鸡的选择

1. 种公鸡的选择

在正式配种后2周进行。选留外貌符合本品种特征、发育良好、体重达标、姿势雄伟而健壮、胸宽而深向前突出、背宽骨骼结实、羽毛丰满、冠髯大而鲜红的公禽。当采用人工授精时，通过采精训练，选留性反射良好、精液量大、品质好的个体。

2. 种母鸡的选择

选留外貌符合本品种特征，健康无病，腹深腿宽的母鸡。在40周龄产蛋高峰过后，根据外貌及生理特征（表3-5-1、表3-5-2），种母鸡可分为高产鸡（图3-5-1）、低产鸡（图3-5-2）和停产鸡（图3-5-3）。

图3-5-1 高产鸡

图3-5-2 低产鸡

图3-5-3 停产鸡

表3-5-1 高产鸡与低产鸡外貌及生理特征的区别

部位	高产鸡	低产鸡
冠和肉垂	大而鲜红，细致有弹性，润泽而温暖	小而色淡，干而粗糙，无温暖感觉
泄殖腔	湿润松弛，呈椭圆形，颜色粉红	干燥紧皱，圆形，颜色发黄
腹部容积	宽大柔软，胸骨末端与耻骨间距4指以上	小而硬，胸骨末端与耻骨间距3指或3指以下
耻骨	软而薄，耻骨间距在3指以上	厚而硬，耻骨间距在3指以下
色素消褪（黄皮肤鸡）	泄殖腔、眼圈、喙、脚等呈白色	肛门、眼圈、喙、脚等呈黄色
换羽（秋季）	换羽开始晚，换羽速度快，换羽持续时间短	换羽开始早，换羽速度慢，换羽持续时间长

表3-5-2 高产鸡与低产鸡的鉴别

观察部位	高产鸡特征	低产鸡特征
鸡冠和肉髯	颜色鲜红，硕大而有弹力	暗红无力，萎缩干皱
肛门	椭圆形，湿润松弛，颜色粉红	圆形，干燥紧缩，颜色发黄
耻骨	直而薄，有弹性，间距3指以上	弯而厚，弹性差，间距1指左右
腹	宽大柔软，耻骨与胸骨间距4指	小而硬，耻骨与胸骨间距2～3指
色素消退	肛门、眼圈、耳叶、喙、脚呈白色	肛门、眼圈、耳叶、喙、脚恢复黄色
换羽	尚未换羽	已经换羽
性情	活泼温顺，觅食力强，接受力强	呆板胆小，觅食力差，拒绝交配

二、根据生长发育选择

体重和体尺(体形)都是反映生长发育的指标。种禽只有生长发育好,才能获得好的生产性能。

(一)体重

体重主要包括初生重、各期体重。初生重与早期生长速度有关。初生重大,早期生长速度快。各期体重应达标。

(二)体尺

一般在家禽成年时进行测定。体尺可衡量生长发育水平,同时是鉴定品种、品种资源调查的基本工作。家禽体尺指标和测量方法如下(单位:cm)。

1. 体斜长

锁骨上关节到坐骨结节的距离。

2. 胸宽

锁骨上关节的距离。

3. 胸深

第一胸椎至胸骨前端的距离。

4. 胸骨长

胸骨前后端距离。

5. 背宽

两髋关节的距离。

6. 胫长

跖骨上关节到第三趾和第四趾的直线距离。

7. 胫围

跖骨中部的周长。

8. 半潜水长

将颈向前拉直时由喙前端到髋结节的距离(水禽测)。

9. 颈长

用皮尺测量将颈拉直时第一颈椎到颈根部的距离(水禽测)。测量应注意的事项为所用工具准确,测量动作要轻快,所用器械松紧程度要适当,对准起止部位,以取得准确的数据。

三、根据生产性能选择

育种场必须对家禽的各项生产性能做好记录。在育种时,根据记录的资料进行选择。

(一)蛋用性能

1. 开产日龄

(1)个体开产日龄　以产第一个蛋的日龄计算。

(2)群体开产日龄　鸡、鸭群以达50%产蛋率时的日龄计算,鹅群以达5%产蛋率时的日龄计算。

2. 产蛋量

一般用500日龄(72周龄)入舍母禽产蛋量表示产蛋量。这种表示方式不仅客观准确地反映了禽群的实际产蛋水平和生存能力，而且进一步反映了禽群的早熟性。计算公式如下：

$$500\text{日龄(72周龄)入舍母鸡产蛋量(个)}=\frac{500\text{日龄(72周龄)的总产蛋量}}{\text{入舍母鸡数}}$$

3. 产蛋率

产蛋率是指母禽在统计期内的产蛋百分率。计算产蛋率的公式如下：

$$\text{饲养日产蛋率}=\frac{\text{统计期内的总产蛋量}}{\text{统计期内的总饲养日}}\times 100\%$$

$$\text{入舍母鸡产蛋率}=\frac{\text{统计期内的总产蛋量}}{\text{统计母鸡数}\times\text{统计日数}}\times 100\%$$

$$\text{日产蛋率}=\frac{\text{当日产蛋总数(含破蛋、软壳蛋)}}{\text{当日存栏鸡数}}\times 100\%$$

式中：当日存栏数即为当日下班前实际在群数，按前一天存栏数减去当日死亡、淘汰鸡数后的余数。

4. 蛋重

(1)平均蛋重　从300日龄开始计算，连续称取3 d群体(个体)总产蛋重除以产蛋总数，求得的平均数为群体(个体)的平均蛋重。大型禽场按日产蛋量的5%称测蛋重，求平均数作为平均蛋重。蛋重以g为单位。

(2)总蛋重　总蛋重(kg)=平均蛋重(g)×产蛋量÷1 000

5. 蛋的品质

蛋的品质包括蛋形指数、蛋壳强度、蛋壳厚度、蛋壳颜色、蛋黄色泽、哈氏单位、血斑率和肉斑率等几个方面。它是衡量蛋质量的指标。测定应在产出后24 h内进行，每项测定蛋数应不少于50个。

6. 料蛋比

产蛋期的料蛋比是指产蛋期耗料量除以总产蛋重。计算公式如下：

$$\text{料蛋比}=\frac{\text{产蛋期耗料量(kg)}}{\text{总产蛋重(kg)}}$$

式中：料蛋比是反映饲料转化效果的指标，又称为饲料转化比或饲料报酬。饲料转化比小，可节省饲料，提高经济效益。目前饲养的商品蛋鸡的料蛋比一般为(2.2～2.8)∶1。

(二)肉用性能

1. 生长速度

早期生长速度是肉禽生产性能的一项重要指标。测定肉鸡的早期生长速度多以7～8周龄体重来表示。

2. 体重

初生重大，早期生长速度快。体重越大，屠宰率越高，肉用性能就越好，因此肉用型的家禽要求有较大的体重。

3. 屠宰率

屠宰率是肉用性能的重要指标。屠宰率的高低反映了肉禽肌肉的丰满程度。屠宰率越高,产肉量越多。计算公式如下:

$$屠宰量=\frac{屠体重}{活重}\times100\%$$

4. 屠体品质

屠体品质包括胸肌丰满度,胸部囊肿,肌肉纤维的粗细和拉力等指标。

5. 料肉比

料肉比的计算公式如下:

$$肉用仔鸡的料肉比=\frac{肉用仔鸡全程耗料量}{总活重(kg)}$$

式中:料肉比反映了肉禽的饲料转化指标。饲料转化比小,就可节省饲料,降低成本,提高经济效益。肉用仔鸡在42日龄的料肉比一般为(1.6~2):1。

(三)繁殖性能

1. 种蛋合格率

种蛋合格率是指母禽在规定的产蛋期内所产符合本品种或品系要求的种蛋数占产蛋总数的百分比。一般要求种蛋合格率达到98%以上。计算公式如下:

$$种蛋合格率=\frac{合格的种蛋数}{产蛋总数}\times100\%$$

2. 种蛋受精率

种蛋受精率是指受精蛋数占入孵蛋数的百分比。血圈蛋、血线蛋按受精蛋计算,散黄蛋按无精蛋计算。一般要求蛋用种鸡受精率达到90%以上,肉用种鸡受精率达到85%以上。计算公式如下:

$$种蛋受精率=\frac{受精蛋数}{入孵蛋数}\times100\%$$

3. 孵化率(出雏率)

(1)受精蛋孵化率　指出雏数占受精蛋数的百分比。计算公式如下:

$$受精蛋孵化率=\frac{出雏数}{受精蛋数}\times100\%$$

(2)入孵蛋孵化率　指出雏数占入孵蛋数的百分比。计算公式如下:

$$入孵蛋孵化率=\frac{出雏数}{入孵蛋数}\times100\%$$

一般要求受精蛋孵化率达到90%以上,入孵蛋孵化率达到85%以上。

4. 健雏率

健雏率是指健康雏禽数占出雏数的百分比。健雏是指按时出壳、绒毛正常、脐部愈合良好、精神活泼的无畸形者。一般要求健雏率达到98%以上。计算公式如下:

$$健雏率=\frac{健雏数}{出雏数}\times100\%$$

(四)成活率

1. 雏禽成活率

雏禽成活率也叫育雏率，是指育雏期末成活雏禽数占入舍雏禽数的百分比。一般要求雏禽成活率达到90%以上。计算公式如下：

$$雏禽成活率=\frac{育雏期末成活雏禽数}{入舍雏禽数}\times 100\%$$

2. 育成禽成活率

育成禽成活率也叫育成率，是指育成期末成活育成禽数占育雏期末入舍雏禽数的百分比。一般要求育成禽成活率达到96%以上。计算公式如下：

$$育成禽成活率=\frac{育成期末成活的育成禽数}{育雏期末入舍雏禽数}\times 100\%$$

3. 存活率

存活率是指入舍母禽数减去死亡、淘汰后的存活数占入舍母禽数的百分比。要求母禽存活率达到88%以上。计算公式如下：

$$母禽存活率=\frac{入舍母禽数-死亡数-淘汰数}{入舍母禽数}\times 100\%$$

【知识拓展】

一、家禽的生殖器官

(一)母禽的生殖器官

其由卵巢和输卵管两大部分组成，只有左侧的卵巢和输卵管发育完全并且有生殖功能。输卵管由喇叭部、膨大部、峡部、子宫部以及阴道部等构成。母鸡的外生殖器阴道口和排粪口、排尿口共同开口于肛门，这个部位称为泄殖腔。母禽的卵巢含有许多卵泡。卵泡由卵黄和卵母细胞组成。在接近性成熟时，未成熟的卵子迅速生长，在9～10 d内达到成熟。

(二)公禽的生殖器官

其由睾丸、附睾、输精管和退化的交尾器官组成。睾丸位于体腔内肾脏腹侧，不降落到外面的阴囊中。公鸡的泄殖腔第二皱襞中央交界处有白色球形小突起称生殖突起，其两侧有“八”字状襞，两者构成退化了的交尾器官。当公鸡交配射精时，“八”字状襞与生殖突起充血形成射精沟，精液沿射精沟射至母鸡输卵管开口。公鸭和公鹅则有较发达的阴茎，呈螺旋状扭曲，上有射精沟。

二、家禽的繁殖方式

家禽属卵生。卵子由卵巢陆续排出至输卵管内逐渐形成内含营养物质的带壳蛋。受精蛋产出体外后，经抱孵或人工孵化而发育成新个体。

三、杂种优势及利用

(一)杂种优势

杂种优势也叫杂交优势。在生产中,家禽的不同品种或品系间的个体交配产生的杂种在生命力、生产性能等方面优于其双亲纯繁群体,这种现象被称为杂种优势。

并非所有品种或品系之间交配都有杂交优势,有的有杂交优势,有的就没有杂交优势,甚至可能低于其双亲纯繁群体。品种或品系之间杂交是否能产生杂交优势以及杂交优势的大小,一般需要进行配合力测定。

(二)杂种优势利用的模式

1.二系配套杂交

二系配套杂交是指 2 个品种或品系间杂交,其杂交一代用于商品生产。

父母代　　A(♂)×B(♀)
　　　　　　　↓
商品代　　　AB

母本是纯种或纯系,而不是杂种,因而不能在父母代利用杂种优势来提高繁殖性能。

2.三系配套杂交

三系配套杂交是利用 3 个品种或品系,这三个品种或品系分别称为 A,B,C,先用 B 公鸡和 C 母鸡杂交,杂交子一代的母雏留种,再与 A 公鸡交配,其后代用于商品生产。

祖代　　　　　B(♂)×C(♀)
　　　　　　　　　　↓
父母代　　A(♂)　×　BC(♀)
　　　　　　　↓
商品代　　　　ABC

三系配套杂交由于父母代母鸡是杂种,因而其繁殖性能可获一定的杂种优势。

3.四系配套杂交

四系配套杂交即双杂交,是用 4 个品种或品系先两两杂交,所得后代再杂交。所得后代可结合 4 个品种或品系的优点,且生命力很强。

祖代　　A(♂)×B(♀)　　C(♂)×D(♀)
　　　　　　↓　　　　　　　↓
父母代　　AB(♂)　　×　　CD(♀)
　　　　　　　　　↓
商品代　　　　　ABCD

杂交商品代只能利用一代,不能再作为种用繁殖。由于基因的分离,商品代再繁殖产生杂交优势的基因组合会分开,不再有杂交优势,导致生产性能下降。

四、现代家禽良种繁育体系

(一)家禽繁育的基本环节

现代家禽繁育体系是指培育现代禽种的基本组织形式。良种繁育体系的基本环节包括保种、育种和制种3个环节。

1.保种

保种是指饲养一些纯种或某品种中的品系等,为育种提供育种素材。

2.育种

育种是指育种场从品种场获得育种素材,从中培育出许多品系。

3.制种

制种是指利用育种场育成的品系,开展配合力测定,从中选出最优的杂交组合,然后按最优的杂交组合的杂交要求生产商品杂交种,提供给商品场。

(二)良种繁育体系

良种繁育体系是培育现代禽种的基本组织形式。它是由品种场、育种场、原种场、一级种禽场(祖代场)、二级种禽场(父母代场)、商品场等组成。品种场是保种环节;育种场是育种环节;原种场、一级种禽场(祖代场)、二级种禽场(父母代场)是制种环节。

1.品种场

品种场是指收集保存育种素材。

2.育种场

育种场是指利用品种场的素材,开展品系选育。

3.原种场

原种场是指利用育种场提供的品系开展配合力测定,确定最佳杂交组合,进行纯系扩繁,提供祖代。

4.一级种禽场(祖代场)

一级种禽场(祖代场)是指饲养单一性别祖代,进行第一次杂交 ,提供父母代。

5.二级种禽场(父母代场)

二级种禽场(父母代场)是指饲养单一性别的父母代,进行每两次杂交,提供商品代。

6.商品场

商品场是指饲养商品代,提供肉、蛋产品。

【职业技能测试】

一、填空题

1.家禽的生产性能是指家禽__________的能力,包括__________、__________、__________、__________4个方面。

2.群体开产日龄:鸡、鸭群以达________%产蛋率时的日龄计算,鹅群以达________%产蛋率时的日龄计算。

3.蛋用性能的评定指标有__________、__________、__________、__________、__________、__________等。

4. 肉用性能的评定指标有____________、____________、____________、____________、__________等。

5. 繁殖性能的评定指标有__________、__________、__________、__________等。

6. 生活力的评定指标有__________、__________、__________等。

7. 产蛋量一般用__________表示。

8. 产蛋率指母禽在__________的产蛋百分率。

9. 家禽体尺测量的指标主要有__________、__________、__________、__________、__________、__________、__________、__________、__________等。

二、问答题

如何根据外貌和生理特征区别高产母鸡和低产母鸡？

肉用种鸡的饲养管理

【学习目标】

肉用种鸡的饲养管理追求的目标是高产蛋量、高种蛋合格率和高受精率，因此确定适宜的饲养方式，并根据生产管理特点，有针对性地做好肉用种鸡育雏期、育成期、预产期、产蛋期、人工授精、光照制度应用的重点技术环节，以达到更高的种蛋产蛋率、合格率和高水平的孵化率，创造更大的经济效益。

【必备知识】

一、种鸡饲养阶段的划分

根据种鸡生长发育规律和饲养管理特点，按周龄划分为 3 个阶段。

①大型肉种鸡：育雏期 0～3 周龄；育成期 4～22 周龄；产蛋期 23～66 周龄。

②优质肉种鸡：育雏期 0～6 周龄；育成期 7～21 周龄；产蛋期 22～66 周龄。

③蛋用种鸡：育雏期 0～6 周龄；育成期 7～20 周龄；产蛋期 21～72 周龄。

④肉用种鸡饲养一般采用“育雏育成产蛋”一段式或“育雏育成—产蛋”两段式。

二、肉用种鸡的特点

肉用种鸡采食量大，生长速度快，沉积脂肪能力强，故在育成期前，要严格控制鸡的体重；在产蛋期，除少量增重外，尽量避免种鸡过度超重和出现失重，以保证种鸡在整个生产期获得最佳生产性能。肉用种鸡一般在 24 周龄见蛋，25～26 周龄产蛋率达 5%，30 周龄左右进入产蛋高峰。

【实践案例】

如果你想饲养一批大型肉用种鸡，将如何根据种鸡生长发育规律和饲养管理特点，制定大型肉用种鸡饲养管理操作规程？

【实施过程】

一、科学选择肉鸡的饲养方式

采用网上平养、2/3 棚架饲养和笼养 3 种。大型肉用种鸡最好采用 2/3 棚架饲养(图 3-5-4)。小型肉用种鸡多采用笼养。

(一)网上平养

利用铁丝网、硬塑料网、木条等材料制成的漏缝地板,网面距地面高度约为 60 cm。

(二)2/3 棚架饲养

舍内纵向中央 1/3 为地面铺设垫料,两侧各 1/3 部分为棚架。饲养密度见表 3-5-3。

图 3-5-4　2/3 棚架饲养

表 3-5-3　肉用种鸡适宜饲养密度

饲养方式	周龄		
	0～3	4～20	20～68
平养/(只/m^2)	10	4～5	3～4
2/3 棚架饲养/(只/m^2)	12	5～6	4～5

(三)笼养

产蛋阶段的母鸡应为 3～4 只/笼,公鸡应为单笼饲养(图 3-5-5)。

图 3-5-5　笼养

二、育雏期和育成期的饲养管理

(一)公、母分群分饲

种鸡应在育雏期和育成期采取公、母分开饲养,在产蛋期再混群同舍分饲,以利于分别控制公鸡和母鸡的体重,提高均匀度。如果实行混养,公母鸡必须实行分槽饲喂,采用不同的饲料,不同的喂料量。

平养鸡公母同舍分栏或分舍饲养。笼养鸡同舍分层或分笼饲养。在育雏期和育成期公鸡可以用与母鸡相同的饲料,其体重控制通过喂料量来实现。在产蛋期,为防止公鸡采食过多的蛋白质和钙,最好饲喂专用的种公鸡料。

(二)断喙

肉用种鸡因需进行严格的限制饲养,长期处于饥饿状态,易引发啄癖,因此需要进行断喙。断喙时间为 6～9 日龄,操作方法参照优质肉鸡断喙。

(三)限制饲养和饲料转换

1. 限饲时间

母鸡从第 3 周开始,公鸡从第 4 周开始。之前采用自由采食。

在限饲前,要进行全群调整和断喙。以后每周抽样称重 1 次,与标准体重进行对比。如未达标,应增加喂料量,直到体重达标。如达标或超标,则应进行限制饲养。

2. 限饲方法

一般限量法和限时法相结合,即通过限制鸡的采食量和采食时间,达到限饲的目的。常用的限饲方法详见表 3-5-4。

①每日限饲:每天将规定的饲料量 1 次投喂。

②隔日限饲:喂料 1 d,停料 1 d,将 2 d 料合 1 d 喂。

③52 限饲:将 7 d 的料分在 5 d 喂,不连续的 2 d 停料。

④43 限饲:将 7 d 的料分在 4 d 喂,不连续的 3 d 停料。

⑤61 限饲:将 7 d 的料分在 6 d 喂,1 d 停料。

表 3-5-4　常用的限饲方法

限饲方法	星期日	星期一	星期二	星期三	星期四	星期五	星期六
每日限饲	√	√	√	√	√	√	√
61 限饲	×	√	√	√	√	√	√
52 限饲	×	√	√	×	√	√	√
43 限饲	×	√	√	×	√	×	√
隔日限饲	×	√	×	√	×	√	×

注:√为投料日,×为限料日。

在生产中,一般采用综合限饲方法,即将各种限饲方法结合应用。饲料应在投料日早上一次性投喂完,不能分次投喂,保证料槽、水槽位置充足。投料要快,要勤匀料。在遇到应激时,应停止限饲,改为自由采食(表 3-5-5、表 3-5-6)。

表 3-5-5　大型肉用种母鸡的综合限饲方法

周龄	饲料种类	限饲方法
0～2	育雏料	自由采食
3	育雏料	每日限饲
4～11	育成料	43 限饲
12～17	育成料	52 限饲
18～20	育成料/产前料	61 限饲
21～24	产前料	每日限饲
25～66	产蛋料	每日限饲

表 3-5-6　大型肉用种公鸡的综合限饲方法

周龄	饲料种类	限饲方法
0～2	育雏料	自由采食
3～5	育雏料	每日限饲
6～10	育成料	52 限饲
11～17	育成料	61 限饲
18～24	育成料/种公鸡料	每日限饲
25～66	种公鸡料	每日限饲

3. 换料

如果体重正常，在 4 周龄时由育雏料换成育成料。如果体重不足，可推迟 1 周。在 18 周龄时，由育成料换成产蛋前期料；在 24 周龄时，换成产蛋料。如果体重不足，则用育成料一直喂到 23 周龄；在 24 周龄时，再换成产蛋料。换料时，要逐渐过渡。

(四)光照控制

育雏育成期应控制光照，性成熟与体成熟同步。公鸡的光照制度必须和母鸡相同。当发现公鸡比母鸡性成熟迟时，就要加强公鸡的光照，使之与母鸡同时成熟后才混群。在开产前 3～4 周，应逐渐增加光照，直到产蛋高峰时光照达 16～17 h/d。光照制度参照种鸡光照制度制定内容。种公鸡与母鸡性成熟同步与否会影响种蛋的受精率。

(五)体重、均匀度控制

1. 选用适宜的限制饲养方案

以本品种饲养手册的体重标准与喂料标准进行饲喂。根据体重情况，制定限饲方案。

2. 定时称重，调整群体

每周至少称重 1 次，取样数量一般母鸡 1%～3%，公鸡 5%。抽样数量不能少于 50 只。

3. 加强日常管理

降低饲养密度，保证料槽、水槽位置，防止采食不均，降低均匀度。

4. 及时淘汰

在限饲前，淘汰生长发育不良和不符合留种要求的个体。在育成过程中，及时淘汰病弱鸡。

三、产蛋期的饲养管理

(一)产蛋前期的饲养管理(22～30周龄)

1. 准备好产蛋箱

在平养时，最好在20周龄前按每4只母鸡备一个产蛋箱。

2. 转群

在产蛋前2～3周，转入产蛋鸡舍。平养应不迟于20周龄，以保证公母鸡开产前相互熟悉，公鸡建立群体位次。

3. 混群

混群在晚上进行。将公鸡均匀放入舍内，最好先将公鸡隔离饲养，等熟悉后再混入母鸡群。在笼养时，公、母鸡分笼饲养，公鸡单笼饲养。

4. 公、母比例

大型肉种鸡为1∶(8～10)，优质型肉鸡为1∶(12～15)，人工授精为1∶(20～30)。开始时可多预留一些。

5. 公、母同舍分饲

混养的公、母鸡必须实行分槽饲喂，种公鸡使用专用的公鸡料或产蛋前期料。防止种公鸡采食产蛋高峰料，体重过肥和产生腿病，从而影响繁殖性能。

分饲方法为平养母鸡用料槽(桶)，上装有限饲格，间距为4.1～4.5 cm，公鸡不能采食母鸡料。公鸡另设料槽(桶)，高度以公鸡能采食而母鸡不能采食为宜。笼养按公、母各自笼位喂料。

(二)产蛋期的饲养管理(31～66周龄)

1. 喂料量控制

产蛋期的饲喂量主要参考该品种的标准饲喂量，同时考虑其他因素，给予最佳饲喂量。

(1)高峰前喂料量　当产蛋率达5%且产蛋率保持每天上升3%～5%并冲高峰期时，要求每周加料5～8 g/只；当产蛋率达到40%左右(27～28周龄)时，喂给处于产蛋高峰的母鸡最大料量；当产蛋率达到高峰后持续几天不再增加时，可刺激性地每天每只鸡增料2.5 g。如果4～5 d后的产蛋率比加料前有所提高，则加料量正确；如果产蛋率比加料前降低，则恢复原喂料量。

(2)高峰后喂料量　当鸡群产蛋高峰过后若连续两周产蛋率不再增加，且每周呈1%速率正常下降，就应开始减料，以防母鸡过肥。第一次可减2～3 g/只，以后每周减0.5～1 g/只。在每次减料3～4 d后，应密切观察产蛋率变化。如果产蛋率下降正常，下周以同样方式减料；如果产蛋率下降异常，且又无其他原因，应立即恢复减料前的料量。如果减料后鸡群体重下降，就说明减料过多，必须停止减料；如果鸡群体重极大幅增加，就说明减料不够，下周应加大减料量。

2. 体重控制

种母鸡从开产到产蛋高峰，应持续增重，且产蛋高峰后的整个产蛋期都应保持一定的增重(15～20 g/周),但同时又要防止增重过快、过肥而影响产蛋性能。为有效控制种母鸡体重,在40周龄前,每周称重;在40周龄后,每2周称重1次,以便及时调整饲养管理。称重尽可能在下午晚些时候进行,以减少称重应激。其方法为单个称重,逐个记录。

3. 光照管理

参照种鸡光照制度。肉用种鸡对光敏感度差,反应较慢,因此应提前增加光照时间。一般增加光照的幅度可采用每周增加1 h 。产蛋期的光照稳定为16 h/d。

4. 种蛋的管理

(1)及时捡蛋　人工拣蛋每天应拣4次,温度过高或过低时应增加拣蛋次数。用专用纸质或塑料蛋托装蛋。拣蛋时间安排在早上9:00和11:00,14:00和16:00。

(2)分选种蛋　将合格种蛋、脏蛋、破蛋、畸形蛋分开收集和存放,并做好标记和记录。合格种蛋标准为蛋重蛋色符合品种标准,蛋壳清洁、光滑、无沙壳、钢壳和破裂,蛋形为椭圆形。

(3)消毒种蛋　在鸡舍备有专业消毒箱,对种蛋用甲醛进行熏蒸消毒。按每立方米用高锰酸钾15 g、甲醛30 mL,密闭熏蒸30 min。

(4)保存种蛋　种蛋的保存温度应为12～18 ℃,相对温度为75%,保存期为7 d以内。种蛋在收集、消毒、保存过程中要始终保持蛋的大头向上。

5. 公鸡的补充与淘汰

经过一段时间的配种和采精,有些公鸡因患病、受伤而丧失繁殖性能,应及时淘汰,并及时补充新公鸡,以保持较高的受精率。平养补充新公鸡要在晚上进行,以减少打斗,并注意补充公鸡后的鸡群情况。

四、鸡的人工授精

(一)人工授精的概念及优点

人工授精是指将精液从公禽体内采出,再通过输精器械将精液输入母禽体内受精的技术。目前种鸡的配种大多采用人工授精。

人工授精的优点:提高种蛋受精率,尤其是火鸡、番鸭等;减少母禽死亡损伤,提高存活率;减少公禽饲养量,降低生产成本;充分利用优秀种公禽;笼养方式改变的需要。

(二)鸡的人工授精技术

鸡的人工授精技术包括人工授精前期准备、采精、精液品质检查和输精等基本环节。

1. 人工授精前期准备

(1)种公鸡选择与训练　选择发育好、体格健壮、冠与肉垂发达、颜色鲜红、按摩时有尾羽竖起、泄殖腔外翻等性反射的公鸡。配种前3～4周内,转入单笼饲养。

采精前1周剪去公鸡泄殖腔周围羽毛,以利于采精操作。每天背腹部按摩训练采精1～2次,经3～4 d即可使其建立性反射(图3-5-6)。在调教训练期,应淘汰性反射差、精液品质差的公鸡(图3-5-7)。

(2)器械准备　人工授精所用器械主要有集精杯、输精器、烘干箱、消毒棉、毛剪、显微镜、载玻片、盖玻片、恒温箱、保温瓶(杯)等。器械在使用前应清洗干净,然后在水中煮沸30 min,再放入烘干箱,烘干备用。

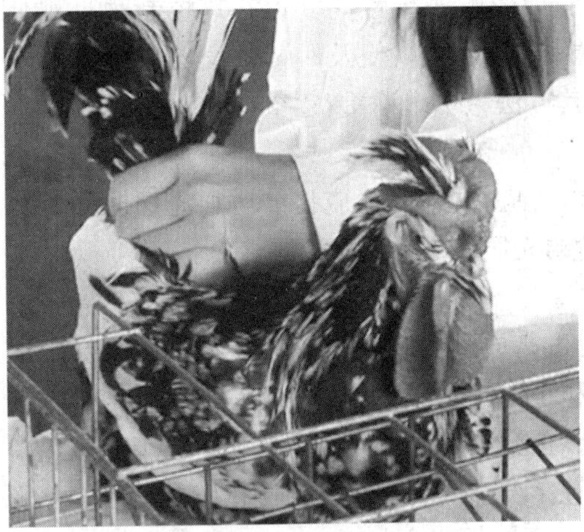

图 3-5-6 公鸡采精训练

图 3-5-7 精液品质检查

2. 采精

种公鸡应发育到 22～26 周龄时进行采精。目前，在生产中应用较多的采精方法是按摩采精法。其既分为背式按摩和背腹式按摩，又分为单人采精和双人采精。在生产中，一般用双人采精，即一人保定公鸡，一人按摩采精。

(1)保定公鸡　保定公鸡的方法有蹲姿、坐姿、站姿、提姿等。其中多采用站姿、提姿。

①站姿保定：一手抓公鸡双腿，一手托鸡的胸部，公鸡尾部向前头向后，轻轻夹于腋下(图 3-5-8)。

②提姿保定：抓住公鸡双腿，将鸡从笼中提出，公鸡头朝里，尾朝外置于笼门口(图 3-5-9)。

图 3-5-8 站姿保定

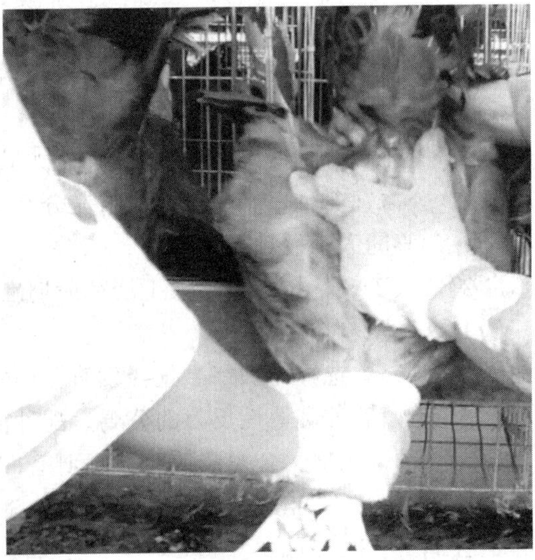

图 3-5-9 提姿保定

(2)采精操作

①背式按摩法:采精人员左手将集精杯握于虎口部,杯口朝上,右手向下由鸡背鞍部向尾根连续按摩 3～5 次;当公鸡出现性反射,尾羽竖起,泄殖腔外翻时,将右手置于尾根处,用拇指和食指迅速在泄殖腔两侧柔软部位轻轻挤压,当有精液流出时,左手持集精杯于泄殖腔下方接取精液(图 3-5-10、图 3-5-11)。

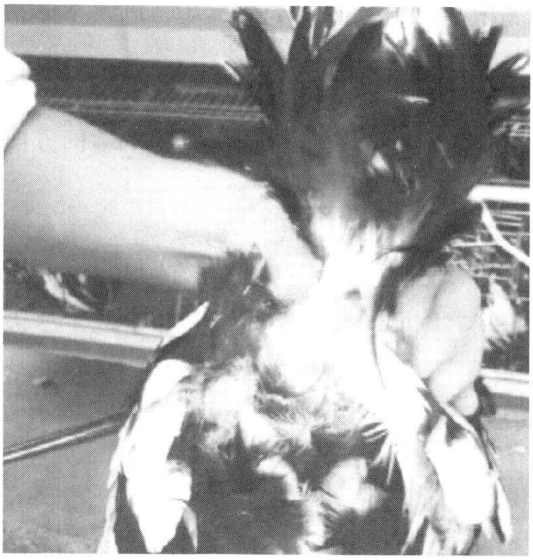

图 3-5-10　背式按摩

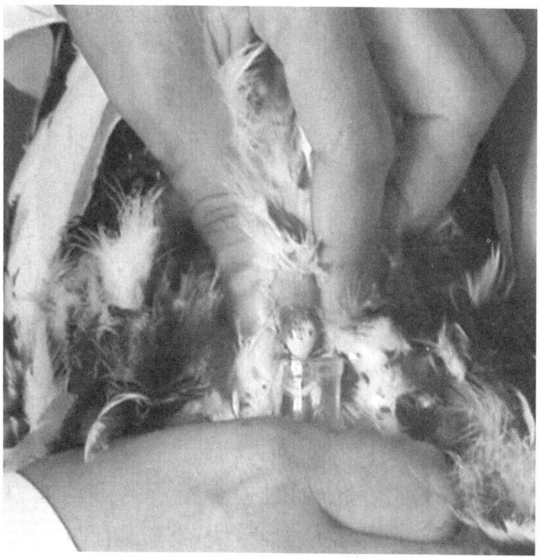

图 3-5-11　背式按摩接精

②背腹式按摩:采精人员用左手中指和无名指夹集精杯,杯口向外,右手向下由鸡背鞍部向尾根连续按摩 3～5 次,左手同时以掌心按摩公鸡腹部,轻轻抖动触摸;当公鸡出现性反射,泄殖腔外翻时,将右手置于尾根处,用拇指和食指在泄殖腔两侧柔软部位轻轻挤压,当有精液流出时,左手迅速反转,将集精杯口朝上放于泄殖腔下方接取精液(图 3-5-12、图 3-5-13)。

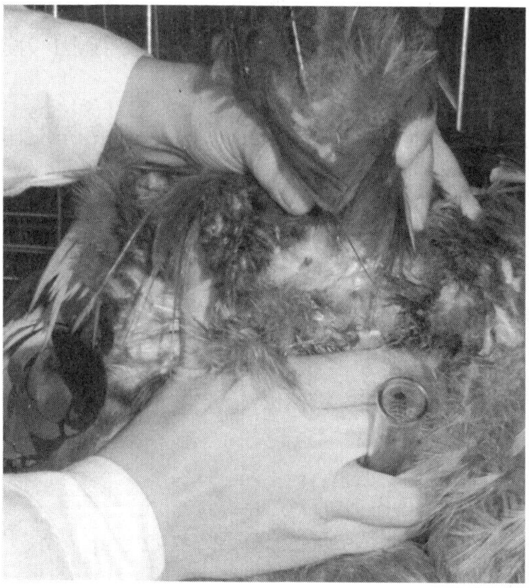

图 3-5-12　背腹式按摩

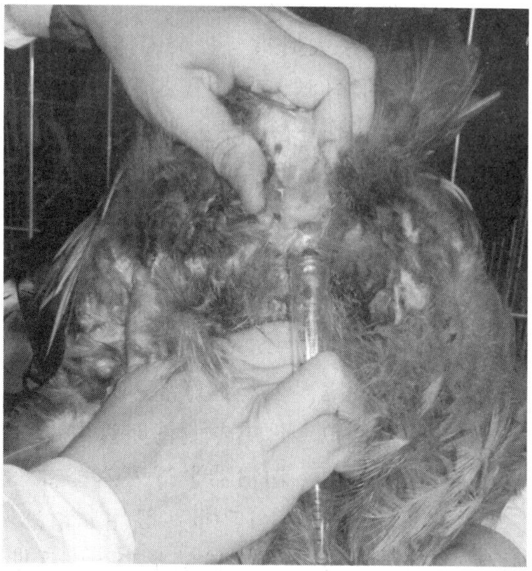

图 3-5-13　背腹式按摩接精

3.精液品质检查

(1)外观品质检查

①射精量:用带刻度的集精杯采集测量,经过选择的公鸡平均精液量应为0.4～1 mL/次。

②精液颜色:正常精液为乳白色。密度越大,白色越浓;混有血液的呈粉红色;混有粪便的呈黄褐色;混有尿酸盐的呈粉白棉絮状。有病无精子的精液呈黄水状。凡颜色异常的精液不能用于输精。

(2)显微镜检查　在采精后20～30 min内进行。用无菌滴管滴一小滴精液于载玻片上,盖上盖玻片,在37 ℃的条件下用100～400倍显微镜检查。在镜检时,取4个不同方向的视野检查。

①密度检查:用估测法将精子密度分为3个等级。

A.密:整个视野布满精子,精子之间几乎无间隙。每毫升精液的精子数约为40亿以上。

B.中:精子之间有1个精子空隙,可见到单个精子的活动。每毫升精液的精子数为20亿～40亿。

C.稀:精子之间有2个精子以上较大空隙。每毫升精液的精子数在20亿以下。这样的精子尽量不用。

②活力检查:通过检查精子的运动能力检查精子的活力,

A.精子运动方式:直线前进、圆周运动、摆动。只有呈直线前进运动的精子才具有受精的能力。

B.评定方法:根据呈直线前进运动的精子所占比例估计评定为0.1～1级。优良公鸡精子活力一般要求0.7级以上。

4.输精

在生产中,应用较多的是输卵管内输精法,两人1组操作,一人保定母鸡并翻肛,一人输精。

(1)保定母鸡及翻肛　翻肛人员打开笼门,右手抓住鸡母鸡的双腿,稍向上提,将鸡尾提到笼门口。左手大拇指与其余四指分开,置于泄殖腔下方向母鸡左侧腹部方向适当施压,使泄殖腔左侧的输卵管口外翻(图3-5-14)。

(2)输精操作　输精人员将吸有精液的输精器插入输卵管内1～2 cm深,将精液挤入输卵管内(图3-5-15)。输精同时翻肛人员要减轻对母鸡腹部的压力。输精结束抽出输精器,用消毒棉擦拭消毒。

5.鸡的人工授精技术要点

(1)人工授精时间　一般在下午3:00后进行,此时大部分母鸡已产蛋结束,此时输精可提高受精率。

(2)采精间隔　公鸡最好隔天采精,且采出的精液最好在30 min内输完。

(3)输精部位　母鸡左侧输卵管内输精。

(4)输精深度　输精器平行鸡体直插入1～2 cm,输精。

(5)输精量　在生产中,一般用原精液输精,每只母鸡一次输精量为0.025 mL,含精子数达0.5亿～1亿。首次输精及产蛋中后期母鸡的输精量应加倍。

(6)输精间隔　母鸡每4～5天输精1次较好。自输精之日起,第3天开始收集种蛋。

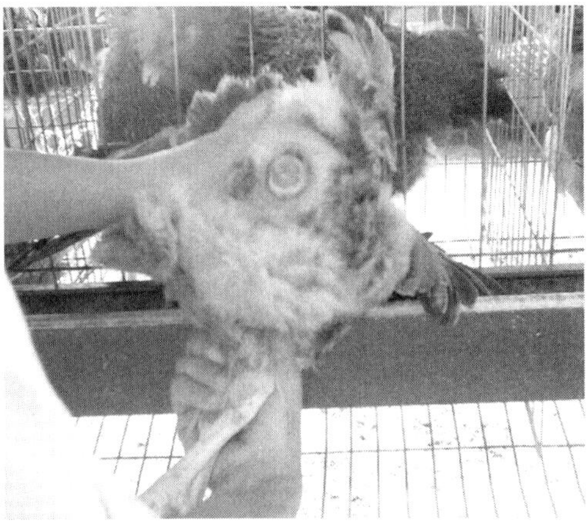

图 3-5-14　保定与翻肛

图 3-5-15　输精

6. 鸡的人工授精注意事项

①用具应清洗和高温消毒，严防病原传播。

②抓鸡操作动作要轻缓，忌粗暴。采精前公鸡应停水 2 h，以免易产生粪便污染精液。

③输精时给母鸡腹部施以压力，一定要着力于腹部左侧，注入精液的同时，应放松对母鸡腹部的压力，防止精液倒流。

④黄精、血精及气泡精不能输，精液倒流时要重输。

【知识拓展】

一、种禽公、母比例

种禽的公、母比例应适当(表 3-5-7)，既要保证高受精率，又不因多养公禽而浪费饲料。在种鸡人工授精时，适宜的公、母比例为 1∶(20～30)。

表 3-5-7　自然交配的种禽适宜公、母比例

种禽类型	公、母比例	种禽类型	公、母比例
轻型蛋用种鸡	1∶(12～15)	兼用型种鸭	1∶(15～20)
中型蛋用种鸡	1∶(10～12)	肉用种鸭	1∶(5～6)
肉用种鸡	1∶(8～10)	鹅	1∶(4～6)
蛋用种鸭	1∶(20～25)		

二、种禽利用年限

家禽的种类和禽场的性质不同，种禽利用年限也不一样。鸡、鸭配种以第 1 年的受精率为最高，以后随着年龄的增加而降低。鸡、鸭在第 1 个产蛋年的产蛋量为最高，以后每年递减 15％～20％，故商品蛋鸡和商品蛋鸭只利用一个产蛋年即应淘汰。种鹅的生长期较长，

成熟较晚，第 2 年的产蛋量比第 1 年的产蛋量增加 15%～20%，第 3 年的产蛋量比第 1 年的产蛋量增加 30%～45%，因此种禽的合理利用年限：繁殖场种鸡、种鸭为 1 年；育种场种鸡、种鸭为 2～3 年；种鹅为 4～5 年。

三、家禽配种方法

家禽的配种方法有自然交配和人工授精。其中，自然交配又分为大群配种和小群配种。

(一)大群配种

大群配种是指群体较大，在母禽群中放入一定比例的公禽进行自由交配。其一般适用于一级种禽场(祖代场)和二级种禽场(父母代场)。

(二)小群配种

小群配种也称小间配种，是指在一个配种小间放入一只公禽与一小群母禽配种的方法。母禽、公禽均编脚号或肩号，配置自闭产蛋箱，每个种蛋均记上配种间号数和母禽的脚号或肩号，这样可准确地了解雏禽的父母，血缘清楚。其适用于育种场。

【职业技能测试】

一、填空题

1. 肉用种鸡的饲养方式有__________、__________、__________。

2. 肉用种公鸡限饲时间：公鸡为__________，母鸡为__________。

3. 肉用种鸡限饲方法有____________、____________、____________、____________、__________等。

4. 肉用种鸡平养时最好在__________周龄前按__________只母鸡备一个产蛋箱。

5. 家禽的配种方法有__________、__________、__________ 3 种。

6. 繁殖场种禽利用年限：种鸡为__________年，种鸭__________年，种鹅__________年。

7. 公鸡采精一般采用__________方法，母鸡输精采用__________方法。

8. 在人工授精时，采集的精液应在__________内输完。

9. 在人工授精时，种鸡公母比例为__________。

10. 输精部位在母鸡的__________。

11. 输精深度一般是__________。

12. 公鸡采精间隔为__________，母鸡输精间隔为__________天输 1 次。

二、选择题

1. 鸡第________个产蛋年产蛋量最高。鹅第________个产蛋年产蛋量最高。

A. 1　　B. 2　　C. 3

2. 种鸡公母比例：肉用种鸡为________，轻型蛋鸡为________，中型蛋鸡为________。

A. 1∶(8～10)　　B. 1∶(10～12)　　C. 1∶(12～15)

3. 种鹅的公母比例为________。

A. 1∶(10～12)　　B. 1∶(8～10)　　C. 1∶(4～6)

4. 种鸭公母比例：蛋用种鸭为________，肉用种鸭________，兼用型种鸭为________。

A. 1∶(5～6)　　B. 1∶(12～20)　　C. 1∶(20～25)

5. 属高产鸡生理特征的是________。

A. 肛门大而松弛　　B. 耻骨厚而硬、间距小　　C. 腹部小而硬

6. 一只母鸡一次输精量一般为________ mL。

A. 0.025　　B. 0.25　　C. 2.5

7. 种鸡人工授精一般在________进行为好。

A. 早上 9:00 前　　B. 下午 3:00 后　　C. 中午 12:00 前

8. 检查视野中有 2 个精子以上的间隙的精液为________。

A. 密　　B. 中　　C. 稀

三、问答题

1. 如何控制肉用种鸡体重和均匀度?
2. 肉用种鸡产蛋期喂料量如何控制?
3. 怎样进行鸡的采精和输精?
2. 如何进行公鸡精液品质检查?
4. 鸡的人工授精技术要点及注意事项有哪些?
5. 怎样对公鸡进行采精训练?

肉用种鸡的光照制度

【学习目标】

光照会影响鸡的性成熟。对种鸡、蛋鸡而言,光照管理会直接影响性成熟和产蛋性能。了解光照对鸡产生的作用和不同种类、不同阶段光照的原则,并能根据不同鸡舍类型、饲养季节制定合理的光照制度,以根据鸡群种类进行合理的光照管理。

【必备知识】

一、光照形式和作用机理

(一)光照形式

光照形式分为自然光照和人工光照。

(二)光照的作用机理

鸡有 2 个光感器:一个为视网膜感光器即眼睛;另一个位于下丘脑。下丘脑接受光照变化刺激后分泌促性腺释放激素。这种激素通过垂体门脉系统到达垂体前叶,引起尿促卵泡素和排卵诱导素的分泌,促进卵泡的发育和排卵。

二、光照的作用

光照的作用主要是影响家禽的生长发育和性成熟。光照不仅能使鸡看到饲料和饮水,促进鸡的生长发育,而且会影响鸡的性成熟、排卵和产蛋量。

(一)光照对雏鸡和肉鸡的作用

光照的作用主要是使鸡能熟悉周围环境,进行正常的采食和饮水。为了增加肉鸡的采食时间,提高生长速度,通常采用连续光照和间歇光照制度。

(二)光照对育成鸡的作用

通过合理光照,控制鸡的性成熟时间。光照减少,延迟性成熟,鸡的体重与性成熟同步,提高产蛋潜力。光照增加会促进性腺发育,提早性成熟。

(三)光照对产蛋鸡的作用

增加光照并维持相当长度的光照时间,母鸡正常排卵和产蛋,促使母鸡获得足够采食、饮水和休息时间,提高生产效率。

(四)光照对公鸡的作用

通过合理光照控制鸡的体重,适时性成熟。20 周龄后保持 15 h 左右的光照有利于精子的产生,增加精液量。

三、光照强度

光照强度是指光线的强弱,简称照度,单位为勒克斯(lx)。调节光照强度的目的是控制鸡的活动性。过强或过弱均会带来不良影响。光照过弱,影响采食和饮水,达不到刺激作用,影响产蛋。光照过强,鸡神经质,易惊群,活动量大,消耗量大,易产生啄癖。

四、光源及光的颜色

生产中常用的光源为白炽灯、荧光灯、节能灯。常用白炽灯灯泡瓦数有 15 W、40 W、60 W,一般不超过 60 W。节能灯的瓦数有 8 W、15 W、25 W。光源以红色或白炽光为好,能防止和减少啄羽、啄肛、殴斗等恶癖的发生。

五、光照原则

(一)育雏期

1~7 日龄的光照时间为 23~24 h/d, 光照强度为 10~20 lx,以后按育成期光照原则进行。

(二)育成期

每天的光照时间只能减少或恒定,不能增加,但每天不能少于 8~9 h/d,光照强度为 5~10 lx

(三)产蛋期

每天光照时间只能增加或恒定,不能缩短,光照强度不能减弱。产蛋期光照时间一般为 16 h/d,光照强度为 10~20 lx 。

【实践案例】

如果你是本地某肉用种鸡场的技术员,10 月 1 日本场将进一批肉用种雏进行饲养,鸡舍为开放式鸡舍,请制定该批肉用种鸡的光照制度。

【实施过程】

一、制定光照制度

(一)密闭式鸡舍的光照制度

密闭式鸡舍的光照制度见表 3-5-8。

表 3-5-8 密闭式鸡舍的光照制度

年龄	1~3日龄	4~7日龄	2~18周龄	19周龄	20周龄	21周龄	22周龄	23周龄	24周龄	25周龄	26周龄	27周龄	28周龄	29周龄	30周龄后
光照时数/h	24	23	8	9	10	11	12	12.5	13	13.5	14	14.5	15	15.5	16
光照强度/lx	20		5~10	10~20											
灯泡瓦数/W	40~60		15~40	40~60											

(二)开放式鸡舍的光照制度

根据出雏日期不同,其有 2 种光照方案。

1. 育雏期、育成期的自然光照制度

在我国适合于 4 月 15 日至 9 月 1 日出壳雏鸡,其生长阶段的后半期日照逐渐缩短,只要日照不超过 10 h,可完全利用自然光照(表 3-5-9)。

表 3-5-9 育雏期、育成期的自然光照制度

年龄	1~3日龄	4~7日龄	2~18周龄	19周龄	20周龄	21周龄	22周龄	23周龄	24周龄	25周龄	26周龄	27周龄	28周龄	29周龄	30周龄后
光照时数/h	24	23	自然光照	10	11	12	12.5	13	13.5	14	14.5	15	15.5	16	16
光照强度/lx	20		5~10				10~20								
灯泡瓦数/W	40~60		15~40				40~60								

2. 育雏期、育成期的控制光照制度

在我国适合于 9 月 1 日到第二年 4 月 15 日期间出壳的雏鸡。此期日照时间处于逐渐增加。其控制办法有以下 2 种。

(1)恒定法 查出本批鸡出生至 18 周龄期间的最长日照时数,自 4 日龄起即给以这一光照时数,并保持不变至自然光照最长一天为止,以后自然光照至性成熟,产蛋期再增加人工光照。如北纬 35°地区,3 月 31 日出雏的鸡,查出该批鸡育雏育成期为 3 月 31 日至 8 月 4 日。在此期间,最长日照时数是 6 月 15 日的光照时数为 13 h 20 min。制定的光照制度如表 3-5-10 所列。

表 3-5-10　育雏期、育成期的控制光照制度(恒定法)

年龄	1～3 日龄	4～7 日龄	2～11 周龄	12～18 周龄	19 周龄	20 周龄	21 周龄	22 周龄	23 周龄后
光照时数/h	24	23	13.5	自然光照	14	14.5	15	15.5	16
光照强度/lx	20		10	10～20					
灯泡瓦数/W	40～60		40～25	40～60					

(2)渐减法　查出本批鸡 18 周龄时的当地日照时数，加 7 h 作为 4 日龄光照时数，然后每周减少光照时数 20 min，到 18 周龄时恰好为当地日照时间。如上例中，该批鸡 18 周龄时当地日照时数约为 13 h 20 min，制定的光照制度如表 3-5-11。

表 3-5-11　育雏期、育成期的控制光照制度(渐减法)

年龄	1～3 日龄	4～7 日龄	2～18 周龄	19 周龄	20 周龄	21 周龄	22 周龄	23 周龄	24 周龄后
光照时数/h	23	23	20～13 h 20 min	13.5	14	14.5	15	15.5	16
光照强度/lx	20		10	10～20					
灯泡瓦数/W	40～60		40～25	40～60					

二、增加光照的方式

在原则上，从 19 周龄开始增加光照时间。在 19 周龄时，计算自然光照时间，每周增加 0.5～1 h，至 16 h 后恒定，最迟在鸡群产蛋高峰期前达到 16 h。在淘汰前的最后 1 个月，光照时间可增加到 17 h 。

三、补充光照的方式

其分为自然光照和人工补充光照。其中，人工补充光照可采用天黑后补充、天亮前补充、天黑后天亮前两头补充 3 种方式。

产蛋鸡常采用天黑后天亮前，两头补光照的方式。其方法是每天早上 5:00 开灯至天亮关，每天天一黑就开灯至晚上 9:00 关灯，每天保持光照 16 h，开关灯时间不变，容易掌握。在夏季和产蛋前期以在日出前补光为主，在产蛋后期可适当缩短天亮前补光的时间而增加天后的补光时间。

四、光源的布置要求

(一)基本要求

灯距小、灯泡小、瓦数小、光线均匀、照度足够。

(二)距离要求

灯泡距地面的高度为 2.0～2.4 m,灯距为 3 m,灯泡离墙的距离为 1.5 m(图 3-5-16、图 3-5-17)。

图 3-5-16 灯泡距地面的高度

图 3-5-17 灯泡离墙的距离

(三)位置要求

灯泡最好交错放置,呈“品”字形布置。笼养鸡舍灯泡应设在走道上方。

(四)灯泡要求

灯泡最好加灯罩,灯泡定期擦拭,损坏灯泡应及时更换,以保证正常亮度。灯泡瓦数不超过 60 W。

五、人工补照注意事项

①定期清洁灯泡和反光罩,以保证正常亮度。

②电源要可靠,电压要稳定,避免忽亮忽暗、忽照忽停。

③开灯和关灯时间稳定,不能忽长忽短,否则扰乱母鸡正常的生理性能,反而减产。建议使用电子光照控制仪。

【知识拓展】

一、不同纬度日照表

不同纬度日照,见表 3-5-12。

二、不同出雏日期与 20 周龄查对表

不同出雏日期与 20 周龄查对,见表 3-5-13。

表 3-5-12　不同纬度日照时间

时间	不同纬度日出至日落的大约时间						
	10°	20°	30°	35°	40°	45°	50°
1月15日	11 h 24 min	11 h	10 h 15 min	10 h 4 min	9 h 28 min	9 h 8 min	8 h 20 min
2月15日	11 h 40 min	11 h 34 min	11 h 4 min	10 h 56 min	10 h 36 min	10 h 26 min	10 h
3月15日	12 h 4 min	12 h 2 min	11 h 56 min	11 h 56 min	11 h 54 min	11 h 52 min	12 h
4月15日	12 h 26 min	12 h 32 min	12 h 58 min	13 h 4 min	13 h 20 min	12 h 28 min	14 h
5月15日	12 h 48 min	12 h 56 min	13 h 50 min	14 h 2 min	14 h 34 min	14 h 50 min	15 h 46 min
6月15日	13 h 2 min	13 h 14 min	14 h 16 min	14 h 30 min	15 h 14 min	15 h 36 min	16 h 56 mm
7月15日	12 h 54 min	13 h 8 min	14 h 4 min	14 h 20 min	14 h 58 min	15 h 16 min	16 h 26 mm
8月15日	12 h 36 min	12 h 44 min	13 h 20 min	13 h 30 min	13 h 52 min	14 h 6 min	14 h 40 min
9月15日	12 h 16 min	12 h 15 min	12 h 24 min	12 h 26 min	12 h 30 min	12 h 34 min	12 h 40 min
10月15日	11 h 48 min	11 h 30 min	11 h 26 min	11 h 18 min	11 h 6 min	11 h 2 min	10 h 40 min
11月15日	11 h 28 min	11 h 15 min	10 h 30 min	10 h 20 min	9 h 50 min	9 h 94 min	5 h 45 min
12月15日	11 h 18 min	11 h 4 min	10 h 2 min	9 h 48 min	9 h 9 min	8 h 46 min	4 h 40 min

表 3-5-13　不同出雏日期与 20 周龄查对

出雏日期	20 周龄	出雏日期	20 周龄	出雏日期	20 周龄
1 月 10 日	5 月 30 日	5 月 10 日	9 月 27 日	9 月 10 日	1 月 28 日
1 月 20 日	6 月 9 日	5 月 20 日	10 月 7 日	9 月 20 日	2 月 7 日
1 月 31 日	6 月 20 日	5 月 31 日	10 月 18 日	9 月 30 日	2 月 17 日
2 月 10 日	6 月 30 日	6 月 10 日	10 月 28 日	10 月 10 日	2 月 27 日
2 月 20 日	7 月 10 日	6 月 20 日	11 月 7 日	10 月 20 日	3 月 9 日
2 月 28 日	7 月 18 日	6 月 30 日	11 月 17 日	10 月 31 日	3 月 20 日
3 月 10 日	7 月 28 日	7 月 10 日	11 月 27 日	11 月 10 日	9 月 30 日
3 月 20 日	8 月 7 日	7 月 20 日	12 月 7 日	11 月 20 日	4 月 9 日
3 月 31 日	8 月 18 日	7 月 31 日	12 月 18 日	11 月 30 日	4 月 16 日
4 月 10 日	8 月 28 日	8 月 10 日	12 月 28 日	12 月 10 日	4 月 29 日
4 月 20 日	9 月 7 日	8 月 20 日	1 月 7 日	12 月 20 日	5 月 9 日
4 月 30 日	9 月 17 日	8 月 31 日	1 月 18 日	12 月 31 日	5 月 20 日

【职业技能测试】

一、填空题

1.光照对鸡的作用主要是影响__________和__________。

2.鸡的光照形式一般包括__________、__________。

3.光照强度是指__________。调节光照强度的目的是控制鸡的__________。过强或过弱均会带来不良影响。

4.育雏期光照原则:1～7 d ________ h,光照强度__________,以后按育成期光照原则进行。

5.育成期光照原则:光照时间只能__________或__________,不能__________,但每天光照时间不少于________ h。光照强度为________ lx。

6.产蛋期光照原则:光照时间只能__________或__________,不能__________,每天光照时间为________ h,光照强度为________ lx。

7.人工补充光照可采用__________、__________、__________ 3种方式。

8.鸡舍光源设备一般有__________、__________、__________等。

9.鸡舍内白炽灯瓦数一般不超过________ W。

10.光照颜色一般采用__________。

11.鸡舍内灯泡悬挂高度一般为__________,灯距为__________。灯泡最好__________布置。笼养鸡舍灯应设在__________。

12.开放式鸡舍光照方法有__________、__________和__________。

二、问答题

1.简述肉用种鸡各期光照的原则。

2.简述开放式鸡舍的光照方案。

项目四

蛋鸡生产

【知识目标】

掌握根据外貌特征及生产性能选择不同品种的蛋鸡；
掌握蛋用雏鸡、育成鸡、产蛋鸡的饲养管理技术；
掌握蛋鸡各阶段体重胫长控制、环境控制、光照控制、均匀度控制、性成熟控制、日常管理等技术。

【能力目标】

能够有针对性地选择适宜的蛋鸡品种；
能够正确地进行蛋鸡各阶段的饲养管理。

任务一　蛋鸡品种的选择

【学习目标】

根据不同蛋鸡品种体形外貌、经济性状、生理特点、生产性能，能够有针对性地选择适宜的蛋鸡品种，并根据品种特点，提供适合该品种生物学特点的饲养管理条件，才能发挥蛋鸡最大的生产能力，创造更大的经济效益。

【实践案例】

假如你准备从事蛋鸡的饲养，将如何确定适宜本地饲养的品种？

【实施过程】

我国优质地方品种

一、仙居鸡

（一）原产地

浙江省仙居县。

（二）外貌特征

体形轻小紧凑，腿高、颈长、尾翘、骨细，毛色以黄色为主，单冠，喙、胫、皮肤为黄色。

（三）生产性能

成年公鸡体重约为 1.44 kg，母鸡体重为 1.25 kg（图 4-1-1）。母鸡于 150 日龄时开产，年产蛋量为 180～220 枚，蛋重为 42 g，蛋壳褐色。

图 4-1-1　仙居鸡（公、母）

二、蛋鸡配套系

国内饲养的蛋鸡大多为引进品种，为高产专用蛋鸡配套系。蛋鸡配套系具有产蛋多，蛋重大，耗料少的优点 。年产蛋达300枚以上，总蛋重为16～18 kg，平均蛋重为60 g左右，料蛋比为(2.1～2.3)∶1。因具有高产稳产、耐热性好、啄癖少的特点，粉壳蛋鸡与褐壳蛋鸡在南方饲养量较多。

(一)海兰褐壳蛋鸡

由美国海兰国际公司培育(图4-1-2)。红褐色羽。商品代可羽色自别雌雄。母鸡于150日龄时开产，于72周龄时入舍。母鸡年产蛋量为299枚，平均蛋重为63.1 g，料蛋比为(2.2～2.5)∶1。

(二)海兰灰粉壳蛋鸡

由美国海兰国际公司培育(图4-1-3)。白羽。母鸡于150日龄时开产，于74周龄时入舍。母鸡年产蛋量为305枚，平均蛋重为62 g，料蛋比为2.16∶1。

图4-1-2　海兰褐壳蛋鸡

图4-1-3　海兰灰粉壳蛋鸡

(三)罗曼褐壳蛋鸡

由德国罗曼公司培育(图4-1-4)。红褐色羽。母鸡于145～150日龄时开产，于72周龄时入舍。母鸡年产蛋量为295～305枚，平均蛋重为63.5～65.5 g，料蛋比为(2.0～2.1)∶1。

(四)罗曼粉壳蛋鸡

由德国罗曼公司培育(图4-1-5)。白羽。母鸡于140～150日龄时开产，于72周龄时入舍。母鸡年产蛋量为300～310枚，平均蛋重为63.0～64.0 g，料蛋比为(2.1～2.2)∶1。

(五)尼克粉壳蛋鸡

由美国尼克国际公司培育(图4-1-6)。白羽。体形小，性情温顺，易于管理，产蛋率高，耗料少。18周龄体重为1.35 kg，母鸡于150～155日龄时开产，于76周龄时入舍。母鸡年产蛋量为315～325枚，平均蛋重为64～65 g，料蛋比为(1.95～2.15)∶1。

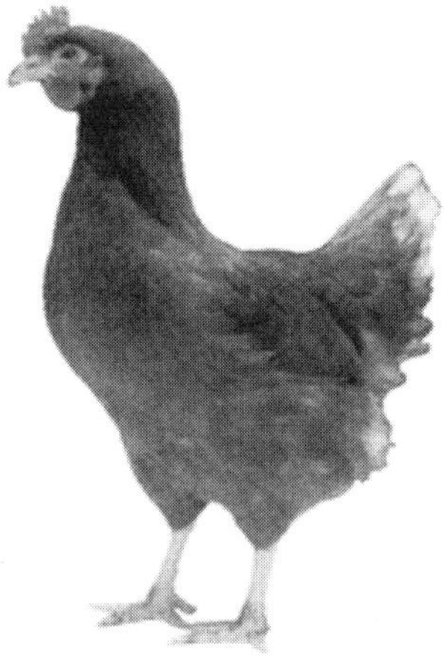

图 4-1-4　罗曼褐壳蛋鸡

图 4-1-5　罗曼粉壳蛋鸡

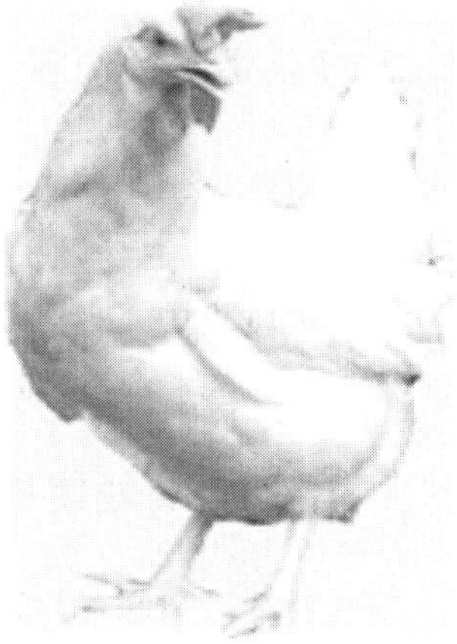

图 4-1-6　尼克粉壳蛋鸡

【职业技能测试】

一、填空题

1. 我国饲养优质蛋鸡地方品种代表＿＿＿＿＿＿，蛋鸡配套系有＿＿＿＿＿＿、＿＿＿＿＿＿、＿＿＿＿＿、＿＿＿＿＿和尼克粉壳蛋鸡。

2. 商品代可羽色自别雌雄的是＿＿＿＿＿。

二、判断题

（　）1. 粉壳蛋鸡与褐壳蛋鸡因其具有高产稳产、耐热性好、啄癖少的特点，在南方饲养量较多。

（　）2. 国内饲养的蛋鸡大多为引进品种，为高产专用蛋鸡配套系。

（　）3. 蛋鸡配套系具有产蛋多，蛋重大，耗料多的优点。

任务二　雏鸡、育成鸡的饲养管理

【学习目标】

雏鸡、育成鸡是蛋鸡整个生产周期中最为重要的阶段。取得育雏期、育成期良好的饲养成绩，需要提供适宜的营养、温度、湿度、光照、通风等饲养管理条件。适时断喙，监控好鸡的体重，采用合理限饲、科学细致的管理，以达到提高育雏期和育成期的成活率和合格率的目标。

【必备知识】

一、蛋鸡饲养阶段的划分

蛋鸡饲养一般分 3 个阶段：0～6 周龄为育雏期，饲喂雏鸡料；7～18 周龄为育成期，饲喂育成鸡料；19 周龄以后为产蛋期，饲喂产蛋鸡料。

二、现代蛋鸡的饲养模式

(一)两段式

育雏、育成—产蛋 ,即育雏、育成在同一个鸡舍,育成后转入产蛋鸡舍,需转群 1 次。

(二)三段式

育雏—育成—产蛋,即育雏、育成、产蛋在不同的鸡舍,需转群 2 次。

三、育雏期、育成期的培育目标

与肉鸡生产不同,蛋鸡生产的最终目的是获得高产蛋量,培育合格的雏鸡。育成鸡关系到成年后蛋鸡的健康和生产性能。

(一)育成率高

健康雏鸡的成活率:1 周龄末达到 99%~99.5%,8 周龄末应达到 98%。0~18 周龄的成活率为 90%以上,优秀的成活率可达到 95%~97%。

(二)体重、胫长达标

要求体重、胫长同时达标,防止在标准体重内养小个子的肥鸡和大个子的瘦鸡。

体重、胫长是衡量生长发育的重要指标。胫长反映骨骼发育状况,因此胫长与体重合并可以判断鸡的体形是否正常。不同品种或品系的鸡都有各自的标准体重、胫长。

(三)均匀度好

均匀度是指鸡群内个体生长发育的整齐程度。均匀度越高,发育越整齐,性成熟也越一致,鸡群开产整齐,蛋重大小一致,产蛋高峰高且持续时间长,总产蛋量也越多。育成结束时的均匀度达 80%以上。

(四)适时性成熟

适时性成熟是指鸡群在性成熟时达到品种的体重标准、胫长标准,即性成熟与体成熟必须同步。过早产蛋,体形小,蛋重小,产小蛋时间长,鸡容易脱肛,啄癖多。过晚产蛋,延长育成期,影响总产蛋量。轻型蛋鸡于 22~23 周龄时开产,中型蛋鸡于 23~24 周龄时开产。

四、育成鸡的生理特点

育成前期是骨骼、肌肉和内脏生长的关键时期。此时的体重决定成年后骨骼和体形的大小。育成后期是脂肪沉积、性腺发育的重要时期。生殖系统从 12 周龄开始发育,在 18 周龄时则迅速发育。如果营养过多,会造成过肥和过早性成熟;营养不足,体重增长和卵巢发育受影响,会推迟开产。育成鸡的生理特点为:①具备了调节体温和适应环境的能力,消化机能已健全,各项机能日益健全。②骨骼、肌肉处于生长旺盛时期,体脂沉积能力逐渐增强,尤其是性腺开始发育。

【实践案例】

如果你是一名蛋鸡场的技术员,场内现饲养有一批 8 周龄的育成鸡,经检查发现鸡群的均匀度不到60%，请根据蛋鸡育成期培育要求，分析原因并制定下一阶段育成鸡均匀度控制方案。

【实施过程】

一、雏鸡的饲养管理

(一)饲养方式

蛋用雏鸡的饲养方式有地面平养、网上平养、笼养。现代蛋鸡饲养一般采用笼养育雏，即采用多层育雏笼或育雏育成笼育雏(图4-2-1)。每层之间有接粪板。由于上、下层差大，一般小日龄集中在2～3层饲养，以后逐层渐移至其他层饲养。

图4-2-1 笼养育雏

(二)饲养

1. 饮水

雏鸡入舍后先饮水后开食，水温为18～20 ℃。在第一次饮水中加入5%葡萄糖和0.1%维生素C，可饮3～5 d，以后保持清洁饮水。

2. 开食与饲喂

在开饮1～3 h后，开食。使用营养好、易消化的蛋用雏鸡料(蛋白质含量达19%)，料型一般为碎粒料或粉料。将饲料撒在浅平的开食盘或硬纸、塑料布上，让鸡自由采食，3～5 d后换成料桶或料槽喂料，少喂勤添。在第1～2周龄，每天喂6～8次，其中夜间喂1～2次；在第3～4周龄，每天喂4～5次；在5周龄后，每天喂3～4次。不同的品种都有其标准体重和标准喂料量，应根据品种的体重标准和鸡群的实际体重来调整耗料量(表4-2-1)。

表4-2-1 生长期蛋用雏鸡(中型蛋用雏鸡)的体重及其耗料量

周龄	周末体重/(g/只)	耗料量/(g/只)	累计耗料量/(g/只)
1	70	84	84
2	130	119	203
3	200	154	357
4	275	189	546
5	360	224	770
6	445	250	1 029
7	530	294	1 323
8	615	329	1 652

(三)管理

1. 环境控制

(1)温度　蛋鸡育雏温度的要求是,第 1 周为 35～32 ℃,以后每周下降 2～3 ℃,直至降至常温,冬天不低于 18～20 ℃,并根据气温在 5～6 周龄时脱温。具体执行时还要根据雏鸡对温度的反应,看鸡施温(表 4-2-2)。

表 4-2-2　蛋用雏鸡育雏温度

日龄	温度/℃	日龄	温度/℃
1～7	35～32	22～28	27～24
8～14	32～29	29～35	24～21
15～21	29～27	36～42	21～18

(2)湿度　在 1 周龄内,育雏室的湿度应保持在 60%～70%,以后 50%～60%。2 周龄后是球虫病易发期,应注意保持舍内干燥,注意适当通风,避免饮水器洒水,防止垫料潮湿。

(3)饲养密度　饲养密度详见表 4-2-3。

表 4-2-3　蛋用雏鸡饲养密度　只/m^2

周龄	地面平养	网上平养	笼养
1～2	30	40	60
3～4	25	30	40
5～6	20	25	30

(4)光照　光照对蛋用雏鸡既影响生长发育,又影响性成熟,因此蛋鸡光照制度应从育雏期开始执行。

光照时间为 1～7 日龄:24～23 h/d ,光照强度为 10～20 lx,第 2 周以后按育成期光照制度进行(具体见育成鸡光照)。

(5)通风　在保温的前提下,加大通风,保证舍内空气新鲜。有窗鸡舍通过开关门窗通风,密闭鸡舍通过风机强制通风。在通风时,要防止贼风和强直风。室内空气一般以人进入无不适感为宜。

2. 断喙

第 1 次在 7～10 日龄时进行,第 2 次一般在 10～12 周龄时进行,主要是对第 1 次断喙效果不好的鸡进行修剪。断喙的具体方法见优质肉鸡断喙。

3. 日常管理

(1)定期称重　为了检查生长发育情况,应定期随机抽测 1%～5%鸡只的体重。与标准体重对比,如发现与标准体重差异大,应及时调整饲养管理措施。

(2)观察鸡群　经常观察鸡群的精神状态、行动情况、睡眠是否安静、食欲是否正常、饮水是否充足、粪便是否正常等。在注射疫苗和其他应激后,更应仔细观察。

(3)卫生与消毒　保持舍内外环境卫生,及时清粪,保持垫料清洁干燥,尤其对饮水器周围的垫料要特别管理。经常清洁喂料器、饮水器,定期消毒。

(4)保持适宜环境　经常检查温度是否合适，鸡群是否舒适，适时做好脱温。注意通风换气，避免鸡舍内氨味过浓而导致鸡发生呼吸道疾病。注意检查光照时间和光照强度是否适宜。

(5)处理病鸡　及时挑出病弱鸡单独处理，及时捡出死鸡。

(6)做好生产记录　生产记录详见表 4-2-4。

表 4-2-4　月育雏生产记录

<table>
<tr><td>品种(品系)</td><td colspan="2"></td><td colspan="2">入舍日期</td><td colspan="5"></td></tr>
<tr><td>批次</td><td colspan="2"></td><td colspan="2">入舍数量</td><td colspan="5"></td></tr>
<tr><td>转群日期</td><td colspan="2"></td><td colspan="2">转群数量/只</td><td colspan="5"></td></tr>
<tr><td rowspan="2">月</td><td rowspan="2">日龄</td><td rowspan="2">育雏数/只</td><td colspan="2">鸡群变动</td><td rowspan="2">存活率/%</td><td colspan="2">日耗料量</td><td>标准耗料/g</td><td>体重/g</td></tr>
<tr><td>死亡数/只</td><td>淘汰数/只</td><td>总量/kg</td><td>每只/g</td><td></td><td></td></tr>
<tr><td></td><td></td><td></td><td></td><td></td><td></td><td></td><td></td><td></td><td></td></tr>
</table>

二、育成鸡的饲养管理

(一)饲养方式

育成鸡饲养方式可采用地面平养、网上平养、笼养(图 4-2-2)。

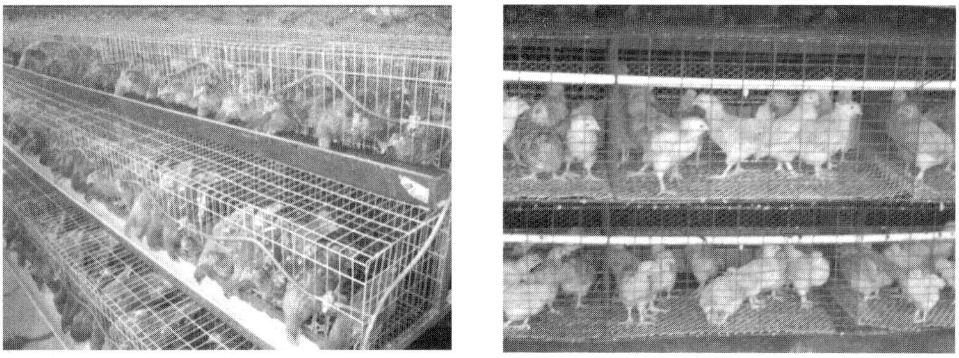

图 4-2-2　育成鸡笼养

(二)转群和换料

1. 转群时间

两段式不需要转群，三段式于 7～8 周龄时将雏鸡由育雏舍转到育成舍。转群最好在清晨或晚上进行。转群前后 3 d，在饲料和饮水中添加维生素；在转群当天连续光照 24 h，继续喂育雏料；在转群时，对鸡进行选择，严格淘汰体重过轻、病弱、残次鸡与鉴别错误的公鸡。在抓鸡时，要轻拿轻放，减少损伤。

2. 换料时间

如果 8 周龄时的平均体重、胫长达标，就应将育雏料逐渐换成育成料。如果 8 周龄时的体重不达标，则继续喂育雏料 0.5～1 周。达标后，再换，但原则上不能超过 10 周龄。换料要逐渐进行，不能突然变换。

(三)体重、胫长控制

体重和胫长是衡量生长发育的重要指标。体重、胫长应同时达标。防止在标准体重内养小个子的肥鸡和大个子的瘦鸡。

1. 体重标准与喂料量

喂料量最重要的依据是体重。不同鸡种有不同的体重标准和喂料量标准。在饲养时，请参考育种公司提供的饲养手册。根据其提供的标准喂料量、标准体重进行饲养(表 4-2-5)。

表 4-2-5　生长期蛋鸡(中型蛋鸡)的体重及耗料量　g/只

周龄	周末体重	耗料量	累计耗料量
8	615	329	1 652
9	700	357	2 009
10	785	385	2 394
11	875	413	2 807
12	965	441	3 248
13	1 055	469	3 717
14	1 145	497	4 214
15	1 235	525	4 739
16	1 325	546	5 285
17	1 415	567	5 852
18	1 505	588	6 440
19	1 595	609	7 049
20	1 670	630	7 679

2. 定期称测，与标准对比，调整喂料量

从 8 周龄开始，每 2 周随机抽测 2%～5%鸡只的体重与胫长，计算平均体重和胫长，与本品种标准进行对比，调整喂料量。如果达标，就按本品种标准给料；如果超过标准，就要保持原喂料量不变或少增料，切忌减料；如果低于标准，就应比标准喂料量多给料，直到达到标准为止。

3. 限制饲养 指限制鸡的采食量，不让其自由采食

(1)限饲目的　控制体重、防止性早熟、节省饲料、减少产蛋期死淘率。限饲用于体重超标的鸡群。轻型蛋鸡体形小。其在正常饲喂情况下不会出现超重，生产中不限饲。中型蛋鸡则根据情况进行限饲。

(2)限饲方法　一般采用每日限饲法，即从 8 周龄开始到 18 周龄，每天定时按规定量一次性喂完饲料。如果 8 周龄体重不达标，就应推迟限饲。在限饲时，一定要保证充足的水槽、饲槽，撒料要均匀，以免采食不均降低均匀度。一般给料量为自由采食量的 90%左右。

(四)环境控制

1. 光照

育成期最重要的环境条件是光照。光照对育成鸡的性成熟具有重要影响。光照控制好坏直接影响产蛋鸡的生产性能。

(1)光照原则　每天光照时间只能恒定或减少,不能增加。每天光照时间为 8～9 h,光照强度为 5～10 lx,不能增加。

(2)光照方法　自然光照法、恒定光照法或渐减光照法 3 种。

(3)密闭舍光照制度　采用恒定光照法,每天光照 8 h。

(3)开放舍光照制度　如果饲养 4 月 15 日至 9 月 1 日出壳雏鸡,就应采用自然光照法;如果饲养 9 月 1 日至 4 月 15 日出壳雏鸡,就应采用恒定光照法或渐减光照法。具体见蛋鸡、种鸡光照制度制定。

2. 温度

育成鸡适宜温度为 15～25 ℃,最佳生长温度为 20～21 ℃。

3. 饲养密度

饲养密度详见表 4-2-6。

表 4-2-6　蛋用育成鸡饲养密度　　只/m^2

周龄	品种	饲养密度		
		地面平养	网上平养	笼养
7～12	中型蛋鸡	7～8	9～10	36
	轻型蛋鸡	9～10	9～10	42
13～18	轻型蛋鸡	6～7	8～9	28
	中型蛋鸡	8～9	8～9	35

4. 湿度与通风

湿度保持在 40%～70%,注意防潮。通过合理通风、及时清粪、防止漏水等措施,降低湿度。育成鸡舍在温度不太低的情况下应该加大通风换气量。通风换气量以人员进入鸡舍没有明显刺鼻、刺眼等不适感为宜。

(五)均匀度控制

均匀度是指鸡群生长发育整齐程度。均匀度指标为体重均匀度和胫长均匀度。育成结束体重均匀度应达 80%以上,胫长均匀度应达 90%以上。

1. 均匀度的计算

体重均匀度是指抽样群体中体重在平均体重±10%范围的鸡只所占的百分比。胫长均匀度是指抽样群体中胫长在平均体重±5%范围的鸡只所占的百分比(表 4-2-7)。

例如,某鸡群 10 周龄的平均体重为 800 g,超过或低于平均体重 10%的范围是 880～720 g。在 5 000 只鸡群中以 5%的比例抽样得到的 250 只鸡,其体重在上述范围内的有 200 只,占称重鸡数的 80%(200/250),抽测结果表明,这群鸡的体重均匀度为 80%。

表 4-2-7　鸡群的均匀度标准

在鸡群平均体重±10%范围的鸡只所占的比例/%	整齐度
85%以上	特佳
80%～85%	佳
75%～80%	良好
70%～75%	一般
70%以下	不良

2.提高均匀度的措施

(1)定期称测,分群分饲　与体重、胫长控制结合。从8周龄起,每两周按2%～5%随机抽样称测体重、胫长均匀度。均匀度较差的鸡群应按体重大(超过标准体重10%)、中(标准体重)、小(低于标准体重10%)及时分群,分别供给不同的喂料量。

(2)定期挑鸡、整理鸡群　在分群饲养后,小群体也应每周定期挑鸡,整理鸡群。

(3)加强饲养管理　均匀度差的主要原因是断喙不良(图4-2-3)、密度太大(图4-2-4)、料位水位不足、环境通风不良、患病、饲料营养不均衡等。应保证营养需要,降低饲养密度,增加采食和饮水位置,经常匀料,正确断喙等,以保证获得良好的均匀度。

图 4-2-3　断喙不良(右)

图 4-2-4　密度太大

(六)性成熟控制

采用适当的光照制度和育成期限制饲养相结合,控制性成熟。

【职业技能测试】

一、填空题

1.蛋鸡在育雏期、育成期培育的目标是________、________、________、________。

2.蛋鸡饲养阶段划分:________为育雏期,________为育成期,________为产蛋期。

3.蛋鸡在育雏期、育成期的饲养方式有________、________、________。

4.蛋鸡一般采用________的限制饲养方法。

5. 蛋用雏鸡第一周龄的温度要求是__________,6 周龄时降至__________,育成鸡最佳温度为__________。

6. 育成鸡性成熟控制采用__________、__________相结合的方法。

7. 雏鸡第一周的光照时间为__________,光照强度为__________。

8. 蛋鸡育成期光照原则是__________,每天光照时间为__________ h,光照强度为__________ lx。

9. 开放式鸡舍控制光照的方法有__________、__________、__________3 种。

10. __________和__________是衡量鸡只生长发育的重要指标。

11. __________是衡量鸡群发育整齐度的指标。

12. 育成鸡的转群:第 1 次在__________,第 2 次在__________。

13. 育成鸡应定期称重,将平均体重与__________对比,调整喂料量。

二、选择题

1. 育成鸡是指________周龄的鸡。

A. 0～6　B. 7～18　C. 19～72

2. 育成鸡的体重控制的方法是________。

A. 要适当分群　B. 要控制光照　C. 要限制饲养

3. 育成鸡限制饲养的目的是________。

A. 提高均匀度　B. 使产蛋提前　C. 推迟性成熟

4. 鸡群的体重均匀度要求在________以上。

A. 70%　B. 80%　C. 90%

5. 过长的光照时间会造成育成鸡性成熟________。

A. 推迟　B. 提早　C. 不变

6. ________周龄时将育雏料换成育成料。

A. 6　B. 8　C. 10

三、判断题

(　)1. 育成鸡的环境温度适宜范围为 10～30 ℃。

(　)2. 育成鸡补喂沙砾,有助于提高鸡的消化能力。

(　)3. 鸡的性成熟与光照无关。

(　)4. 育成鸡每日限饲要求每天定时按规定量 1 次性投喂饲料。

(　)5. 育成鸡均匀度越好,开产就越整齐。

(　)6. 育成鸡后期性腺发育快,往往性成熟比体成熟发育早,要控制光照,延迟鸡的性成熟,让体重与性成熟同步。

(　)7. 限制饲养是指限制鸡的采食量,不让其自由采食。

(　)8. 均匀度是指鸡群内个体间年龄的整齐程度,也称整齐度。

四、问答题

1. 简述育成鸡限制饲养的目的和方法。

2. 鸡群均匀度差的主要原因是什么?提高均匀度的措施有哪些?

3. 如何控制育成鸡体重、胫长?

任务三　产蛋鸡的饲养管理

【学习目标】

产蛋鸡的培养目标是提高产蛋量和蛋的品质，降低死淘率和料蛋比。根据产蛋鸡的生理特点及产蛋规律，通过科学合理的阶段性饲养、季节管理、环境管理和日常管理，实现从育成期到产蛋期的平稳过渡，保证产蛋高峰及时出现和产蛋高峰期持续较长时间。

【必备知识】

一、产蛋期阶段的划分

按照2004年我国鸡的饲养标准，产蛋期被划分为19周龄至开产（产蛋率5%）、开产至产蛋高峰期（产蛋率85%以上）、产蛋高峰期后（产蛋率85%以下）3个阶段。

二、产蛋鸡的生理特点

（1）开产后仍在发育，整个产蛋期继续增重，但在40周龄时生长发育基本停止，增重极少，以后增重部分主要是脂肪积蓄。饲养管理不当易引起过肥，影响产蛋。

（2）对环境变化敏感。产蛋期如受惊吓等应激影响会导致畸形蛋增加，甚至产蛋停止。

（3）对钙的吸收率随周龄下降，后期蛋壳质量变差。

（4）经过一个产蛋期后，母鸡便自然换羽。从开始换羽到新羽长齐，其一般需要2～4个月。换羽期间因卵巢机能减退，雌激素分泌减少，停止产蛋。

三、产蛋规律

（一）产蛋量

以第1个年产蛋量最高，以后逐年减少15%～20%，所以商品蛋鸡只利用一个产蛋年。

（二）产蛋率

就第1个产蛋年而言，产蛋率随着周龄的增长呈低—高—低的产蛋曲线（图4-3-1）。产蛋率具有初期上升快、高峰持续时间长、后期平缓下降的特点。商品蛋鸡一般在20～21周龄时产蛋率达15%，在23～24周龄时产蛋率达50%，在26～28周龄时产蛋率达90%以上（产蛋高峰期）。产蛋高峰可持续至40周龄左右，90%以上的产蛋率可维持8～16周，以后产蛋率开始缓慢下降（每周下降1%以内）到72%。在40周龄时产蛋率仍可达89%左右。

（三）蛋重

开产后蛋重随鸡周龄增大而增加，在第1个产蛋年末达到最大蛋重，之后趋于稳定，一直持续到第2个产蛋年，以后蛋重逐渐减小。

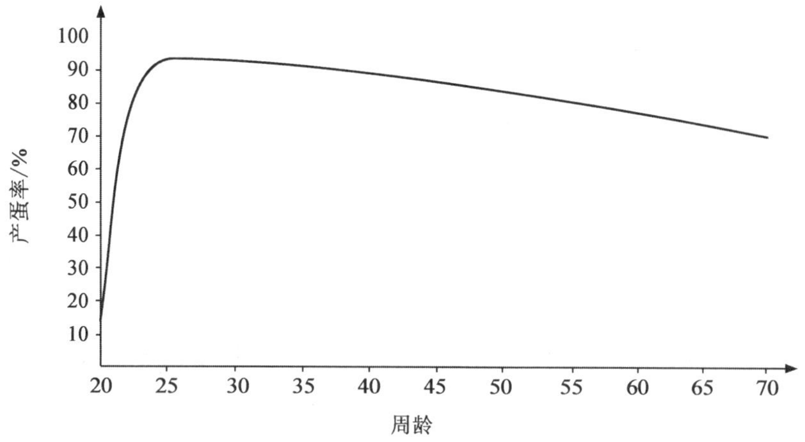

图 4-3-1　产蛋曲线

(四)母鸡产蛋

多集中在每天早上 9:00 到下午 3:00。

【实践案例】

某蛋鸡场饲养一群正处于产蛋高峰期的蛋鸡,近期发现产蛋率出现异常下降,破蛋率也增加。请你分析原因,并制订一份产蛋鸡饲养管理方案,保证蛋鸡的稳产、高产。

【实施过程】

一、饲养方式

蛋鸡在产蛋期可采用地面平养、网上平养、笼养,多采用笼养。产蛋鸡笼有全重叠式、全阶梯式、半阶梯式、阶梯层叠综合式等类型。虽然笼养一次性投资较高,但是饲养密度高,节省饲料,饲料利用率高,且管理方便,劳动效率高,死亡率、淘汰率较低,蛋壳较干净,破损率也较低。笼养蛋鸡是最佳的饲养方式(图 4-3-2)。

图 4-3-2　笼养蛋鸡

二、开产前饲养管理

(一)适时转群

1. 转群时间

转群时间为 17～18 周龄。过早、过晚都不合适。过早小鸡易从笼中跑出,过晚会使部分接近开产或已开产的母鸡因转群而产生应激,从而影响产蛋量。

2. 转群选择

在转群时,对育成鸡进行选择,淘汰体重过小、病弱残次鸡,并按体重情况分层、分群饲养。发育早的育成鸡放在底层,发育晚、体重轻的育成鸡放在上层。

3. 转群处理

转群前后 3 d 喂维生素以缓解应激。转群要在安静的环境和暗光下进行,抓鸡要轻而准确,防止损伤。

(二)转群后的换料和补光

1. 换料和补光时间

如果 18 周龄体重达标,就换料,同时可增加光照。如果体重未达标,但已有部分鸡开产,也应换料,应延迟一周后开始补光。

2. 换料方法

(1)方法一　在产蛋率达 5%前(18～20 周龄),育成料换成预产料(含钙 2%);在产蛋率达 5%时,再换成产蛋高峰料。使用预产料可为产蛋进入高峰期作过渡性钙储备。

(2)方法二　产蛋高峰期料按比例逐渐替换育成料。

三、产蛋期饲养管理

(一)分段饲养,满足营养需要

分段饲养是指根据产蛋鸡周龄和产蛋率水平不同分别喂给不同营养水平的饲料。在 2004 年我国修订的鸡的饲养标准中,产蛋鸡的产蛋水平被分为 2 个阶段。

1. 产蛋高峰期(21～42 周龄)

产蛋高峰期前是指开产至产蛋高峰及高峰维持的时期(产蛋率 85%以上)。此期是饲养蛋鸡的关键阶段。要保持饲料营养全价、稳定,不可轻易更换饲料。饲料能量为 11.29 MJ/kg,粗蛋白质为 16.5%,钙含量为 3.5%。实行自由采食不限饲,人工喂料每天 2 次,上、下午各喂料一次,每次喂料的添加量不要超过槽深的 1/3,要勤匀料,以促进鸡多采食。

2. 产蛋高峰期后(43～72 周龄)

产蛋高峰期后是指高峰期后产蛋下降至淘汰的时期(产蛋率 85%以下)。降低营养需要,饲料能量为 10.87 MJ/kg,粗蛋白质为 15.5%,钙含量为 3.5%。在高峰期后的 2 周,根据体重适当限饲,一般采用每日限饲法,喂料量为自由采食量的 90%。在 60 周龄后,可提高钙含量到 4%,保证蛋壳质量。

(二)料型与料量

产蛋鸡一般采用粉料,干喂法。喂料量应随产蛋率上升而递增,至高峰期达到最大喂料量。一般每只每天喂料量为 100～120 g。

1.喂料原则

产蛋初期防止体重偏低，产蛋后期防止因体重过大、鸡体过肥而影响产蛋量和增加死淘率。

2.喂料时间

定期喂沙砾，提高饲料消化率。每隔 4 周喂一次，每 100 只鸡喂 700 g，沙砾直径 4～5 mm。

（三）饮水供应

饮水要充足清洁，不能出现断水。注意饮水器和水槽定期清洗消毒，避免细菌滋生。最好使用乳头式自动饮水器。

（四）环境管理

进入产蛋期的蛋鸡对环境要求较为严格。环境的稍微改变都会引起产蛋量的下降，造成难以弥补的损失，因此要给产蛋鸡创造适于高产的饲养环境。

（五）温度

鸡产蛋的适宜温度为 13～25 ℃，最经济的温度为 21～22 ℃。舍温尽量不超过 30 ℃，不低于 10 ℃。舍温保持平稳，不突然变化，不忽高忽低。温度过高或过低都会影响鸡的健康和产蛋，严重时会造成死亡，因此夏季应注意防暑降温，冬季注意防寒保暖。

1.防暑降温措施

(1)减少鸡舍热辐射和反射热　在鸡舍间绿化和种植高大树木；搭遮阴棚；鸡舍屋顶涂白或内设顶棚加隔热层；及时清粪，避免舍内湿度升高，影响散热。

(2)通风降温　鸡舍装风扇、风机，夏季要打开窗户、风机，以降低室内温度。有条件的鸡舍采用风机纵向通风(图 4-3-3)。

(3)喷淋降温　可采用喷雾和淋水。喷雾是指在鸡舍的上部或鸡笼的笼体上安置水管，每隔 2～3 m 安装一个喷头。当使用屋顶喷水、笼养时，地面及过道喷水等，室内温度随即可降低 5 ℃左右，最多可降低 10 ℃。在喷雾时，应注意加强通风，否则高温、高湿对鸡产生的影响更大。采用水帘风机降温系统的降温效果更好，室内温度可降低 8～10 ℃(图 4-3-4)。

图 4-3-3　风机纵向通风

图 4-3-4　水帘降温

(4)使用缓解热应激药物　在日粮中添加 0.1%～0.3%碳酸氢钠或 0.02%～0.04%维生素 C 能增强产蛋鸡对热应激的抵抗力，降低体温，提高产蛋量。

(5)调整喂料和饮水　在清晨、傍晚时喂料，喂清凉饮水。

(6)调整日粮营养　在饲料中添加1%～3%的油脂不仅可提高饲料能量水平，还能提高饲料适口性，增加鸡的采食量。在饲料中添加0.1%～1.5%的蛋氨酸和0.65%赖氨酸可提高蛋白质的利用率。

2. 防寒保暖措施

(1)减少鸡舍的热量散失　通过封窗，在鸡舍内封塑料薄膜或将鸡舍的北墙壁用双层薄膜封严，以减少鸡舍的通风换气量。

(2)减少鸡体的热量散失　垫草保持干燥，严堵贼风进入鸡舍，避免饮水器漏水等。

(3)加强饲养管理　冬季在保证鸡采食等各种营养物质的基础上，适当增加日粮中的代谢能。

(六)光照

光照对产蛋期的蛋鸡非常重要。如果光照时间太短、太弱，光刺激不够，产蛋量就低，甚至出现停产换羽。相反，如果光照时间过长、过强，产蛋增加太快，产蛋高峰提前，营养就会消耗过快，产蛋持续期也会缩短，还会出现脱肛、啄癖和增加死亡率。

1. 光照原则

每天光照时间只能增加或恒定，不能缩短。产蛋期的光照时间为16 h/d，最长不超过17 h/d，光照强度为10～20 lx。

2. 增加光照方法

从19周龄开始增加光照，每周增加0.5～1 h，直至产蛋高峰期增加到16 h后，保持恒定。淘汰前1个月可增加到17 h/d。

3. 光照注意事项

产蛋高峰期不能随意变动、减弱光照时间和光照强度。

(七)饲养密度

笼养密度为15～25只/m^2，地面(地网)平养以6～8只/m^2为宜。笼养的鸡笼有固定尺寸，每个标准鸡笼装3～4只鸡。平养要在18～20周龄提前设置产蛋箱，按每4～5只母鸡准备一个，产蛋箱应设置在角落和阴暗的地方，位置要固定。

(八)湿度

成年鸡适宜的湿度为40%～72%，最佳湿度为50%～60%。其主要目的是防止高湿。应做到勤清粪，降低鸡粪的含水量，防止漏水，高温、高湿季节要加大通风。

(九)通风

产蛋鸡通风的重点是调节温度和保证空气新鲜。密闭鸡舍的通风多采用纵向通风、湿帘降温。开放式鸡舍要处理好保温与通风的矛盾。

(十)噪声及应激

鸡舍内外周围环境要避免噪声。饲养人员与工作服颜色尽可能稳定不变。杜绝老鼠、猫、狗等小动物和野鸟进入鸡舍。

(十一)产蛋期日常管理

1. 拣蛋

拣蛋时间要固定，每天捡蛋2～4次，笼养上午、下午各捡一次，平养应捡4次。在拣蛋时，要轻拿轻放，尽量减少破损。

2. 保持良好稳定的环境

通过观察鸡舍环境，了解温度、湿度、光照、通风、密度等情况，及时发现问题，并根据具体情况及时做出调整。各项饲养管理操作要定时、定点、定人，避免噪声，尽量谢绝参观。饲料的更换要有过渡期，防止突然变化。

3. 观察鸡群

(1)剔除病弱鸡、停产鸡　在产蛋过程中，应随时淘汰抱窝鸡、病鸡、伤残鸡、停产鸡。在产蛋后期，主要淘汰停产鸡，凡冠髯、脸苍白、冠萎缩的母鸡应立即淘汰。过肥、过瘦的鸡也应立即淘汰。一般每2～4周检查淘汰1次。

(2)观察鸡蛋的质量　如果出现畸形蛋、破蛋增加，就应及时查找原因，并采取相应措施。

(3)观察采食饮水情况　每天计算消耗料量，发现采食减少，及时查找原因采取措施。

4. 卫生和防疫

保持鸡舍内和周围环境的清洁卫生，每天按时清粪，清洗食槽和水槽，并注意消毒防病。鸡舍和周围环境每周消毒1次，带鸡消毒1～2次。如果有疫情，就要增加消毒次数。饲养员在进入鸡舍前要消毒。

5. 做好生产记录

每天记录鸡群的耗料情况、产蛋情况、变动情况、环境条件以及卫生防疫等资料，以便汇总分析(表4-3-1)。

表4-3-1　____月份产蛋记录

舍号________ 品种__________ 代号________ 出雏日期__________ 入舍数__________

日期	周龄	耗料情况			产蛋情况				鸡群情况					环境条件				卫生防疫				其他
		总耗料/kg	只日耗料/g	饲料类型	总产蛋量/枚	破蛋数/枚	软壳蛋数/枚	平均蛋重/g	当日死亡数/只	当日淘汰数/只	当日转入数/只	当日转出数/只	当日存栏数/只	光照时间/h	最高舍温/℃	最低舍温/℃	舍内湿度/%	用药情况	免疫接种情况	消毒情况	清粪情况	

6. 产蛋鸡的选择

挑选出低产鸡和休产鸡是鸡群日常管理工作中一项重要工作。它不仅能节约饲料，降低成本，还能提高笼位的利用率。

【知识拓展】

一、产蛋突然下降的原因

鸡在连续产蛋若干天后会休产一天。高产鸡连产时间长，低产鸡连产时间短，因此鸡群每天产蛋数量总有些差别。在正常情况下，鸡群产蛋曲线呈锯齿状上升或下降。在产蛋高峰期后，周产蛋率下降幅度应该为0.5%左右。如果产蛋率下降幅度大或呈连续下降状态，就说明出现问题。这种现象可能是由以下几方面因素引起的。

(一)疾病

鸡感染急性传染病会使产蛋量突然下降。如当减蛋综合征侵袭时，鸡只没有明显临床症状。其主要症状是产蛋量急剧下降和蛋壳变薄、产软壳蛋等。产蛋率下降的幅度通常会达到10%左右，严重的下降率会达到50%左右。再如，新城疫、传染性喉气管炎、传染性支气管炎等疾病都会造成产蛋率较大幅度下降。

(二)饲料

饲料原料品质不良；饲料发霉变质；饲料粒度太细，影响采食量；在加工饲料时，因疏忽而漏加食盐或重复添加食盐。

(三)管理

连续数天喂料量不足，供水不足，鸡群受惊吓。在接种疫苗时，连续数天投土霉素、氯霉素等抗生素或投服驱球虫药而产生的药物副作用都会引起产蛋率突然下降。夏季连续几天高温、高湿天气导致鸡群采食量锐减，产蛋率显著下降。光照发生变化，例如，停电引起的光照突然停止，光照时间减少。在初冬时节，寒流突至，沿海地区台风袭击也会造成产蛋率下降。

二、蛋壳变色、破蛋增加的原因

(一)疾病

如减蛋综合征、新城疫、传染性支气管炎致使蛋壳变薄、表面不平、蛋形不正，软壳和无壳蛋的数量增加，导致破损率升高，褐壳蛋的蛋壳颜色也会变浅。

(二)饲料

①饲料中钙的含量不够，钙磷比例不当或维生素 D_3 不足都会引起蛋壳变薄，无壳、软壳蛋明显增加，破蛋率上升。

②在饲料中使用了金霉素渣等生产抗生素的副产物会使白壳蛋的外壳颜色变黄。

③滚蛋网变形，角度过大或过小。当滚蛋网角度太大时，蛋滚出的速度快，撞击力增大，壳薄一些的蛋就会被滚蛋网前缘碰破。当滚蛋网角度太小，蛋常常被留在笼内，蛋被踩破和啄破的概率增加。

④在产蛋后期，鸡的蛋壳会变薄而易破。

⑤高温、高湿也会使薄壳蛋、软蛋增加。

⑥拣蛋、装箱：当用蛋盘拣蛋时蛋没有放正或大蛋没有单独放；当蛋盘叠放时，蛋碰破。当人工拣蛋时，正常的破蛋率为1‰左右。

【职业技能测试】

一、填空题

1. 在 2004 年我国鸡的饲养标准中，产蛋鸡的三段饲养被划分为__________、__________、__________。

2. 产蛋率具有呈初期__________、高峰__________、后期__________的特点。

3. 鸡产蛋的最适温度为__________，湿度为__________。

4. 蛋鸡标准笼一般每笼可饲养__________只。

5. 平养蛋鸡在____周龄前放入产蛋箱，产蛋箱最好放在__________或__________处。

6. 产蛋鸡饲料料型和饲喂方法是采用____________________。

7. 产蛋鸡一般____周龄产蛋率达 5%，__________周龄产蛋率达 50%，____周龄产蛋率达 90%以上。

8. 蛋鸡产蛋率达 5%前可使用__________饲料，料中钙的含量一般为__________。当产蛋率达 5%时，换成__________饲料。

9. 产蛋期喂料次数为__________次，每次喂料的添加量不要超过槽深的__________。

二、选择题

1. 产蛋鸡从__________周龄开始增加光照。

A. 16　　B. 19　　C. 21

2. 平养产蛋鸡，每天应捡蛋__________次。

A. 1　　B. 2　　C. 4

3. 母鸡产蛋的时间多集中在__________。

A. 上午　　B. 下午　　C. 晚上

4. 蛋用育成鸡在__________周龄左右转入产蛋鸡舍。

A. 14　　B. 18　　C. 24

5. 产蛋鸡每天的光照时间一般以__________为宜。

A. 8 h　　B. 23 h　　C. 16 h

6. 平养时，每______只母鸡设一产蛋箱。

A. 8～9　　B. 4～5　　C. 1～2

7. 商品蛋鸡第______个产蛋年的产蛋量最高。

A. 1　　B. 2　　C. 3

三、问答题

1. 简述产蛋鸡分阶段饲养的要点。

2. 产蛋鸡在夏季防暑降温的措施有哪些？

3. 简述产蛋鸡的光照原则和光照制度。

任务四　蛋种鸡的饲养管理

【学习目标】

通过学习产蛋鸡的生理特点、产蛋规律和产蛋鸡阶段饲养、季节管理、环境管理、日常管理等技术，对产蛋鸡进行科学的饲养管理，以达到提高蛋种鸡产蛋量和蛋的品质，降低死淘率和料蛋比的目的。

【实践案例】

某一批后备种鸡转入种鸡舍，作为一名技术员，请你制定一份蛋用种鸡的饲养方案。

【实施过程】

一、后备蛋种鸡的饲养管理

饲养蛋种鸡的目的是获得尽可能多的合格种蛋。合理地控制开产日龄可以有效提高产蛋前期种蛋的合格率。后备蛋种鸡的开产日龄比商品蛋鸡的开产日龄晚 1～2 周。其饲养管理被划分为 0～6 周龄为育雏期，7～20 周龄为育成期，21 周龄以后为产蛋期(图 4-4-1)。

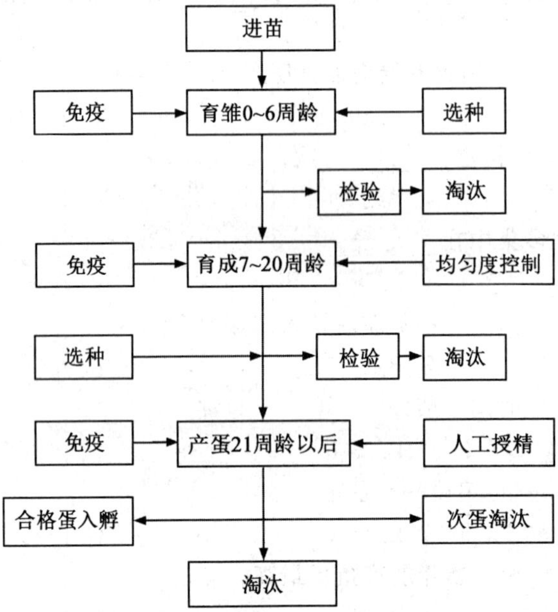

图 4-4-1　蛋种鸡场的作业流程

(资料来源：黄国清，刘三凤. 家禽生产. 北京：中国农业大学出版社，2016)

(一)饲养方式

饲养方式分为地面平养、网上平养和笼养。在生产实践中，为了方便防疫注射和管理，种鸡多采用网上平养和笼养。笼具多为叠层式育雏笼和阶梯式育成笼。育雏批次少的鸡场直接使用育雏育成一体笼。实行公、母分栏饲养。

(二)饲养密度

蛋种鸡的饲养密度比商品蛋鸡的饲养密度小。育雏育成鸡的饲养密度如表 4-4-1 所列。

表 4-4-1　蛋种鸡不同饲养方式的饲养密度　只/m²

周龄	地面平养		网上平养		4 层叠式笼养	
	轻型鸡	中型鸡	轻型鸡	中型鸡	轻型鸡	中型鸡
1	30	25	40	35	74	59
2	25	20	30	25	74	59
3～4	20	15	25	20	49	39
5～6	13	11	17	13	36	29
7～20	6.3	5.6	8	7	28	24

(三)光照管理

对种鸡应采用合理的控制光照法，以控制其开产日龄和开产体重。

二、产蛋期种母鸡的饲养管理

(一)饲养方式和饲养密度

产蛋期的蛋种鸡有地面散养、网上平养和笼养 3 种方式。其中地面散养、网上平养都是自然交配。目前我国蛋种鸡以笼养为主，采用 2 层或 3 层半阶梯式笼养，公、母蛋种鸡应养在同一栋鸡舍。其中，母鸡养在产蛋笼中，公鸡养在单笼中，这样有利于对鸡进行人工授精。在人工成本较高地区，可采用 4 层叠式的产蛋种鸡笼，公、母按 1∶10 左右的比例混养，自然交配，种蛋从笼底网斜面外滚到外侧的集蛋槽中。

(二)控制开产日龄

开产早，前期蛋重小，产蛋高峰维持时间短，母鸡死淘率高，整个产蛋期的合格种蛋数少，因此蛋种鸡的开产时间比商品蛋鸡开产时间晚 10～15 d 比较合适。为此，蛋种鸡在开产前增加光照和限饲后换料的时间要比商品代蛋鸡推迟 2～3 周。

(三)公母合群

在平养条件下，在 0～2 周龄时公、母分开饲养，从第 13 周龄开始，根据鸡舍条件和鸡群整齐度决定合群时间，但最迟不超过 18 周龄。产前合群会因鸡群建立群序等级而导致应激过大。

公、母合群最好选择在晚上进行，以减少应激。在前 1～2 周，把公鸡放入铁笼内，一笼一只，然后均匀地放入母鸡群中，待公、母鸡相互熟悉后，放出公鸡混入母鸡群。

(四)种蛋收集和消毒

在人工授精 2 个周期后，鸡群可以开始收集种蛋，在收集的同时，按种蛋标准挑选合格种蛋，把脏蛋、破蛋、小蛋、双黄蛋、畸形蛋等剔除。种蛋要及时消毒，防止污染。消毒常用福尔马林熏蒸法。

三、公鸡的饲养管理

(一)种公鸡的选择

1. 第 1 次选择

在孵化出雏进行雌雄鉴别后，对活泼好动且健康状况良好的小公雏进行选留。

2.第2次选择

在公鸡育雏达到6～8周龄时，选留体重中等、鸡冠鲜红、龙骨发育正常(无弯曲变形)、鸡腿无疾病、脚趾弯曲的公鸡作为准种用公鸡，淘汰外貌有缺陷的公鸡和雌雄鉴别误差的公鸡。公、母选留比例为自然交配1∶8，笼养1∶10。

3.第3次选择

在17～18周龄时，选留体形、体重符合品种标准，鸡冠肉髯发育较大且颜色鲜红、羽毛生长良好，腹部柔软，按摩时有性反应的公鸡。公、母选留比例为自然交配1∶9，人工授精1∶(15～20)。

4.第4次选择

在21～22周龄时(小型早，中大型晚)，根据精液品质和体重选留。选留精液量多、密度大、活力强、颜色乳白色的青年公鸡。在全年实行人工授精的种鸡场，公、母比例为1∶(30～50)，自然交配为1∶(10～12)。应留15%～20%的后备公鸡用来补充新公鸡。

(二)种公鸡的培育

1.育雏期

实施公、母分饲。其饲养方式常采用平养和笼养，以自由采食方式来饲喂。因为腿胫的长度以及胸部的平坦程度对公鸡至关重要，所以不限制早期生长用于人工授精的公鸡7～10日龄要进行断喙。

在管理方面，环境控制(温度、湿度、光照、通风等)与一般育雏相似。其饲养密度要稀一些，以利于公鸡的锻炼，提高体质。

2.育成期

其饲养方式最好和种母鸡的饲养方式一致。避免繁殖期因饲养方式改变造成的应激导致繁殖力降低。9～13周龄的重点是生长速度减慢，饲料换成育成饲料，增强公鸡体质，提高均匀度。根据体重将公鸡分成大、中、小3个级别，分栏饲养。根据体重和均匀度的大小决定下周加料量，以确保13周龄末的平均体重达到标准体重。

后备阶段的光照方案可以按照种母鸡的要求进行。后备种公鸡营养水平是代谢能11.0～12.0 MJ/kg、育雏期的粗蛋白质18%～19%、钙1.1%、有效磷0.45%；育成期的粗蛋白质12%～14%、钙1%、有效磷0.45%。

种公鸡的冠较大，影响视线、活动、饮食和配种，也易受伤，故公鸡冠在孵化出壳后就安排剪去。剪冠方法有两种：一种是只剪去冠齿，南方多采用，不太影响散热；另一种是靠近冠基减掉，长年气温不高的地区多采用。

3.繁殖期公鸡的饲养管理

在平养时，为了让公鸡吃不到母鸡料，在21～22周龄时，应对公鸡插鼻签。为防止母鸡吃公鸡料，可把料桶吊高。用于人工授精的公鸡应在专用单笼中饲养。其可以和母鸡饲养同一个鸡舍，并安排放在卫生、空气更好的上层笼。公、母比例为人工授精1∶(35～50)，自然交配1∶(10～13)。

(1)营养需要　成年公鸡的营养水平比母鸡低，代谢能10.8～12.3 MJ/kg、粗蛋白质12%～14%，氨基酸必须平衡。为了补充维生素A、维生素D、维生素E，每周可给公鸡添喂鱼肝油两次。

(2)体重检测　每周必须对公鸡称重，并检查膘情，以便清楚生长情况，及时调整饲料。

(3)温度和光照　成年公鸡适宜温度是 20～25 ℃，光照时间为 12～14 h。这样的条件可以产生优质精液。

【职业技能测试】

一、填空题

1. 后备种鸡从育雏期开始实行____________饲养。

2. 产蛋期的蛋种鸡饲养方式有__________、____________和____________3 种。

二、选择题

1. 目前我国种鸡饲养以______________为主。

A. 地面散养　　B. 网上平养　　C. 笼养

2. 在平养条件下，种公母鸡合群从________周龄开始。

A. 6　　B. 8　　C. 13

3. 种公鸡的第 2 次选择在公鸡育雏达到____________周龄进行。

A. 6～8　　B. 17～18　　C. 雏鸡出壳当日

项目五

鸭生产

【知识目标】

掌握鸭品种选择；

掌握蛋鸭各生长阶段的生理特点、饲养方式及饲养管理技术；

掌握种鸭的选择、种公鸭培育、产蛋期饲养管理技术；

掌握肉用种鸭限制饲养方法，掌握产蛋期饲养管理技术；

掌握肉用仔鸭生产特点、饲养方式；

掌握肉用仔鸭旱养技术，放养型肉用仔鸭饲养管理技术。

【能力目标】

能够正确进行鸭品种选择；

能够根据实际进行科学的饲养管理，培育合格蛋鸭，提高鸭群产蛋率；

能够正确进行种鸭人工强制换羽；

能够正确进行肉用仔鸭的饲养管理；

能够正确进行肉用种鸭的饲养管理。

任务一　鸭品种的选择

【学习目标】

选择一个适合的鸭品种，应该能够识别鸭的外貌特征，掌握不同品种鸭的特征、生产性能、营养需求、饲养环境等综合信息确定饲养的品种，为后续鸭的生产提供必要信息。

【必备知识】

鸭的外貌识别

鸭的外貌部位名称如图 5-1-1 所示。

(一)头部

鸭头部较大，无冠、肉髯和耳叶，喙长宽而扁平，喙缘两侧呈锯齿形，以利于觅食和排水过滤食物。上喙尖端有一个坚硬的豆状突起，这个部分被称为喙豆。公鸭头较大，母鸭头较小。

(二)颈部

鸭无嗉囊，食道成袋状，称食道膨大部。肉用型鸭颈较粗短，蛋用型鸭颈较细长。

(三)体躯

呈扁圆形，背长而直，向后下方倾斜。蛋用型鸭体形较小而细长，肉用型鸭体躯深宽而下垂。公鸭体形比母鸭体形大。

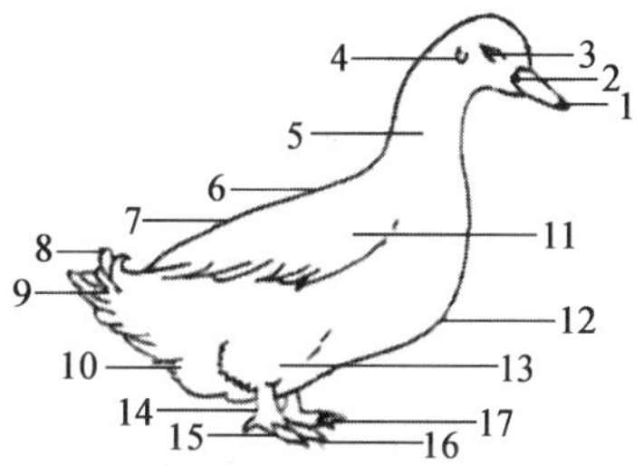

1. 喙豆；2. 鼻孔；3. 眼；4. 耳孔；5. 颈；6. 背；7. 腰；8. 性羽；9. 尾羽；10. 腹；11. 翅；12. 胸；13. 飞节；14. 跖；15. 趾；16. 爪；17. 蹼。

图 5-1-1　鸭体外貌部位名称

(四)翅

翼羽较长，有些品种在翼羽长着带光泽的翠绿色羽毛，这部分的羽毛被称为镜羽。

(五)腿部

腿较短，稍偏后躯，除第一趾外，其余趾间有蹼。

(六)尾部

尾短，尾羽不发达，成年公鸭的覆尾羽有 2～4 根向上卷起的羽毛，这部分的羽毛被称为性羽。

【实践案例】

假如你准备从事鸭的饲养，将如何确定适宜本地饲养的品种？

【实施过程】

鸭的品种按经济用途主要分为肉用型、蛋用型、兼用型。

一、肉用型鸭

(一)北京鸭

1.原产地

中国北京。它是世界著名的优良肉用鸭标准品种。国外不少优良鸭种(如樱桃谷鸭)都含有其血缘。

2.外貌特征

体形硕大丰满,头部长大,颈粗稍短,体长背宽,前胸突出,两翅较小,尾短而上翘。全身羽毛为白色,公鸭喙、胫、蹼为橘红色(图 5-1-2)。

3.生产性能

成年公鸭体重为 3.5～4 kg,母鸭体重为 3.0～3.5 kg。母鸭在 150～180 日龄时开产,年产蛋 200～240 枚,蛋重为 90～95 g,蛋壳白色。商品代肉鸭 49 日龄体重可达 3.0 kg 以上,料肉比为(2.8～3.0)∶1。

图 5-1-2　北京鸭(公、母)

(二)樱桃谷鸭

1.原产地

英国。它由英国樱桃谷鸭公司引入北京鸭选育而成。

2.外貌特征

体形硕大,外形与北京鸭相似。头大额宽,颈粗短,胸宽深,背宽长,喙稍凹略短于北京鸭,体躯呈长方形,体躯倾斜度小,喙为橙黄色,胫、蹼都是橘红色(图 5-1-3)。

图 5-1-3　樱桃谷鸭(公、母)

3. 生产性能

生长速度快、瘦肉率高、抗病力强。其既可以水养，也能旱养，能在陆地交配。成年公鸭体重为 4.0～4.5 kg，母鸭体重为 3.5～4.0 kg。年产蛋为 210～220 枚，蛋重为 85～90 g；SM2 型商品代 47 日龄活重为 3.40 kg，料肉比 2.32：1；SM3 型商品代 47 日龄活重为 3.24～3.66 kg，料肉比为(2.18～2.4)：1。

(三)番鸭(又称瘤头鸭、西洋鸭)

1. 原产地

南美洲和中美洲热带地区。我国南方饲养较多。

2. 外貌特征

头大，颈粗短，眼至喙周围无羽毛，喙基部和眼周围有红色或黑色皮瘤，胸部宽平，腹部不发达，尾部较长，体形呈橄榄形。羽毛颜色主要有黑、白两种，有少量黑白花羽。黑羽瘤头鸭的喙呈肉红色，有黑斑，皮瘤为黑红色，胫、蹼多为黑色。白羽瘤头鸭的喙呈粉红色，皮瘤为鲜红色，胫、蹼为黄色(图 5-1-4)。

3. 生产性能

成年公鸭体重为 2.5～4 kg，母鸭体重为 2～2.5 kg，仔鸭 90 日龄公鸭体重为 2.7～3 kg，母鸭体重为 1.8～2.4 kg，料肉比为 3.2：1，年产蛋为 80～120 枚。公番鸭与母家鸭杂交后代称为骡鸭或半番鸭，具有耐粗易养、生命力强、生长快、体形大、肉质好、适合于填肥生产肥肝等特点。骡鸭无皮瘤，以花羽、白羽为主。

图 5-1-4　番鸭(白羽、黑羽)

(四)靖西大麻鸭

1. 原产地

广西靖西、德保等县。广西最大型的地方优良鸭种。

2. 外貌特征

大型麻鸭。躯干呈长方形。羽色分 3 种类型，即深麻型(马鸭)、浅麻型(凤鸭)和黑白型(乌鸭)。胫、蹼分别为橘红色或褐色、橘黄色、黑褐色。眼睛上方有带状白羽，俗称“白眉”(图 5-1-5)。

3. 生产性能

成年公鸭体重为 2.7 kg，母鸭体重为 2.5 kg，料肉比为 3.96：1。母鸭在 130～140 日龄时开产，年产蛋 140～150 枚，蛋重为 86.7 g。

图 5-1-5　靖西大麻鸭(公、母)

(五)融水香鸭

1. 原产地

广西融水县。

2. 外貌特征

体形较小，羽毛颜色主要为浅麻花色，少量为黑白花色和浅灰色。成年公鸭头羽及镜羽有翠绿色金属光泽，颈部有白羽圈；成年母鸭头部腹侧羽毛呈白色或浅灰色，鬃羽为棕褐色，副翼羽上有翠绿色或紫蓝色金属光泽。胫、蹼分别为橘红色或褐色、橘黄色，喙为青色(图 5-1-6)。

3. 生产性能

成年公鸭体重为 1.60～1.70 kg，母鸭体重为 1.50 g～1.60 kg。母鸭在 145 日龄时开产，年产蛋 168 枚，平均蛋重为 64.0 g，青壳蛋的比例占 50%以上。

图 5-1-6　融水香鸭(公、母)

二、兼用型鸭

(一)高邮鸭

1. 原产地

江苏省高邮、宝应等市、县。

2. 外貌特征

大型麻鸭。公鸭头和颈上部羽毛深绿色有光泽；背、腰、胸部均为褐色芦花羽；腹部为白色，臀部为黑色。母鸭全身羽毛为褐色，有黑色细小斑点，主翼羽为蓝黑色，胫、蹼为橘红色，喙为淡青色(图 5-1-7)。

3. 生产性能

成年公鸭体重为 2.3～2.4 kg，母鸭体重为 2.6～2.7 kg。母鸭在 110～140 日龄时开产，年产蛋 140～160 枚，蛋重为 80～85 g，蛋壳以白色为主，双黄蛋占产蛋总数的 0.3%左右。在放牧条件下，56 日龄体重可达 2.25 kg。

图 5-1-7　高邮鸭(公、母)

(二)建昌鸭

1. 原产地

四川西昌。

2. 外貌特征

公体躯宽深，头大颈粗。鸭头和颈上部羽毛墨绿色而有光泽，颈下部有白色环状羽带。胸、背为红褐色羽，腹部为银灰色羽，尾羽为黑色。母鸭羽色以浅麻色和深麻色为主。公鸭的喙为黄绿色，母鸭的喙为橘黄色，胫、蹼为橘红色(图 5-1-8)。

3. 生产性能

成年公鸭体重为 2.2～2.6 kg，母鸭体重为 2.0～2.3 kg。母鸭在 150～180 日龄时开产，年产蛋 150 枚，蛋重为 72 g，蛋壳为青色或白色。仔鸭 90 日龄体重可达 1.65 kg。

图 5-1-8　建昌鸭(公、母)

三、蛋用型鸭

(一)绍兴鸭

1. 原产地

浙江绍兴。

2. 外貌特征

体躯狭长。其分为 2 种类型：一种为带圈白翼梢，羽毛以棕黄麻色为主，颈中部有白羽圈，主翼羽和腹部下方为白色，公鸭头颈墨绿色；另一种为红毛绿翼梢，羽毛以棕红麻色为主，主翼羽有墨绿色光泽，公鸭头颈呈墨绿色。喙、胫、蹼为橘红色(图 5-1-9)。

3. 生产性能

成年公鸭体重为 1.6～1.78 kg，母鸭体重为 1.75 kg。母鸭在 110～120 日龄时开产，年产蛋 280～300 枚，平均蛋重为 70～72 g，蛋壳多为白色。

图 5-1-9　绍兴鸭(公、母)

(二)金定鸭

1. 原产地

福建。适应海滩放牧的优良蛋用品种。

2. 外貌特征

体躯较长，颈细长，胸突挺，后躯发达。公鸭的喙为黄绿色，虹彩为褐色，头部和颈上部羽毛具翠绿色光泽，前胸为红褐色，背部为灰褐色，翼羽为深褐色，有镜羽。母鸭全身羽毛呈赤褐色麻羽，喙呈古铜色。胫、蹼为橘红色(图 5-1-10)。

3. 生产性能

成年公鸭体重为 1.76 kg，母鸭体重为 1.73 kg。母鸭于 100～120 日龄时开产。年产蛋 260～300 枚，蛋重为 72.26 g，蛋壳以青色为主。

图 5-1-10　金定鸭(公、母)

(三)广西小麻鸭

1.原产地

广西小麻鸭主产于广西西江沿岸的平南、桂平、藤县与苍梧等县。

2.外貌特征

母鸭多为麻花羽,有黄褐麻花和黑麻花两种。公鸭羽色较深,呈棕红色或黑灰色,有的有白颈圈,头及副翼羽上有绿色的镜羽(图 5-1-11)。

3.生产性能

成年公鸭体重为 1.41～1.8 kg,母鸭体重为 1.37～1.71 kg,放牧饲养 60～90 日龄,体重为 1.2～1.6 kg,料肉比为(3.5～4)∶1。母鸭在 130～140 日龄时开产,年产蛋 180～220 枚,蛋重为 65 g。

图 5-1-11　广西小麻鸭(公、母)

【职业技能测试】

一、填空题

1.成年______ 鸭的覆尾羽有 2～4 根向上卷起的羽毛,称为性羽。

2.我国的肉用型鸭品种主要有__________、__________、__________等。

3.蛋用型鸭品种主要有__________、__________、__________等。

二、选择题

1.按经济用途分,北京鸭属于__________,樱桃谷鸭属于__________,番鸭属于__________,绍鸭按经济用途分属于__________。

A.肉用型　　B.蛋用型　　C.兼用型

2.骡鸭是(　　)和家鸭杂交的后代。

A.番鸭　　B.肉鸭　　C.蛋鸭

三、判断题

(　)1.骡鸭具有繁殖能力。

(　)2.樱桃谷鸭适合于旱养。

任务二 蛋鸭的饲养管理

雏鸭的饲养管理

【学习目标】

0～4 周龄的鸭被称为雏鸭。雏鸭培育成功与否直接影响着雏鸭的生长发育和成活率，继而影响育成鸭的生长发育和以后产蛋鸭和种鸭生产性能。养鸭在生产中要正确选择雏鸭，做好环境控制以及日常管理，培育生长发育快、体质健壮、成活率高、整齐度好的雏鸭。

【必备知识】

一、鸭的生活习性

(一)喜水性

鸭是水禽，喜欢在水中觅食、洗浴、嬉戏和求偶交配，因此宽阔的水域、良好的水源是养鸭的重要条件之一。

(二)杂食性

鸭的食性很广。精、青、粗饲料都可作为鸭的饲料。鸭尤其喜腥，喜欢吃小鱼、小虾、螺蛳、贝壳等腥味饲料。

(三)耐寒怕热

鸭比较怕热。在炎热的夏季，鸭喜欢泡在水中或在树荫下休息，觅食减少、采食量下降，产蛋率也下降，所以在天气炎热时，要做好遮阴、防暑工作。

(四)敏感性

鸭子胆小怕噪，容易受惊而互相挤压、践踏，影响生长和产蛋，甚至造成伤残和死亡。

(五)合群性

鸭性情温顺，合群性很强，便于管理，因此适合大群放牧和圈养。

(六)无就巢性

大多数家鸭已无就巢性(除番鸭)，因此鸭子要采用人工孵化繁殖。

(七)生活规律性

鸭的反应灵敏，一经训练就很容易建立条件反射，形成规律性。管理人员不要随意改变，以免影响生产。

二、鸭的饲养方式

(一)全舍饲

舍饲又称圈养，是指整个饲养过程都在鸭舍。鸭舍必须设置饮水和排水系统。这种饲养方式可以人为地控制饲养环境，以利于科学养鸭，达到稳产高产。肉用仔鸭多采用此法。根据地面形式，全舍饲又分为地面平养、网上平养、笼养。

1. 地面平养

地面可采用水泥地面、土地面，需铺厚垫料。其优点是设备简单，投资少，但垫料易潮湿污染，因此要求通风条件好，防止垫料潮湿，否则易诱发疾病。

2. 网上平养

离地 60 cm 左右铺设金属网、塑料网或竹木条。其优点是雏鸭不与粪便接触，感染疾病的机会少，成活率高，节省垫料，节约劳动力，集约化程度更高，对水体要求更低。

3. 笼养

鸭笼有单层、两层重叠式或半阶梯式。其优点是既可减轻劳动强度，又可有效地防止疾病。笼养鸭生长发育迅速、整齐，成活率高，并排除了对洗浴水体的要求。笼养多用于育雏。

(二)半舍饲

半舍饲是指鸭饲养在固定的鸭舍＋陆上运动场＋封闭水体(人工水池、鱼塘、水库等)，不外出放牧。吃料和饮水可在舍内可在舍外，一般不设饮水系统。它是我国当前养鸭中采用的主要方式之一。种鸭、产蛋期蛋鸭多采用此法。

(三)放牧

放牧是指在江河、湖泊、沟渠、滩涂、农田等放牧地饲养。育成期的蛋鸭、肉用品种麻鸭常采用此法。

这种饲养方式将排泄物、废弃物直接排入水体，易造成水污染，存在着严重的生物安全隐患，不符合无公害生产要求。目前放牧和下水将逐渐被圈养和旱养(半舍饲、全舍饲网上平养、笼养)取代。

半舍饲、全舍饲网上平养、笼养等方式产生的粪便污水均经过沉淀发酵等处理，以达到无害排放和再利用的标准。肉用仔鸭网上平养和蛋鸭笼养正在逐步兴起。

三、蛋鸭生长阶段的划分

育雏期为 0～4 周龄，育成期为 5～18 周龄，产蛋期为 19～72 周龄。

四、雏鸭的生理特点

(一)生长发育快

雏鸭新陈代谢快，生长发育速度较快。在 4 周龄时，雏鸭体重可达初生重的 11 倍。

(二)环境的适应能力差

雏鸭较为敏感。环境应激会造成鸭群生长缓慢,甚至死亡。

(三)消化能力差

雏鸭的消化器官尚未发育成熟,胃肠容积小,因此消化机能较弱。不良的饲养管理易造成雏鸭消化不良,育雏率降低。

(四)胆小,喜欢扎堆

即使在正常育雏条件下,仍会出现扎堆。这种情况容易出现由践踏、挤压而造成的伤残或死亡。

(五)抗病能力差

雏鸭个体小,抗逆性较差,因此容易患病。

【实践案例】

某养殖户近期进了一批蛋用雏鸭进行饲养,前 3 周就死亡了 50%,雏鸭个体弱小,请你从饲养管理方面分析原因,并给养殖户制定一个雏鸭的饲养管理方案。

【实施过程】

一、饲养方式

雏鸭的饲养方式采用全舍饲或半舍饲,有地面平养、网上平养、笼养 3 种(图 5-2-1、图 5-2-2)。

图 5-2-1　网上平养

图 5-2-2　笼养

二、雏鸭的选择

雏鸭应选择具有种禽生产许可证、环境条件和饲养管理符合种鸭生产要求的种鸭场的健康雏鸭。健康雏鸭精神活泼,反应灵敏,叫声洪亮,体重符合品种的要求,大小均匀,腹部柔软,脐部收缩良好,无出血或干硬痕迹,卵黄吸收良好,胫蹼油润,绒毛蓬松整洁,脚粗结实,挣扎有力,无残疾或畸形(图 5-2-3)。出现脐部愈合不良的雏鸭应淘汰(图 5-2-4)。

图 5-2-3　健康雏鸭

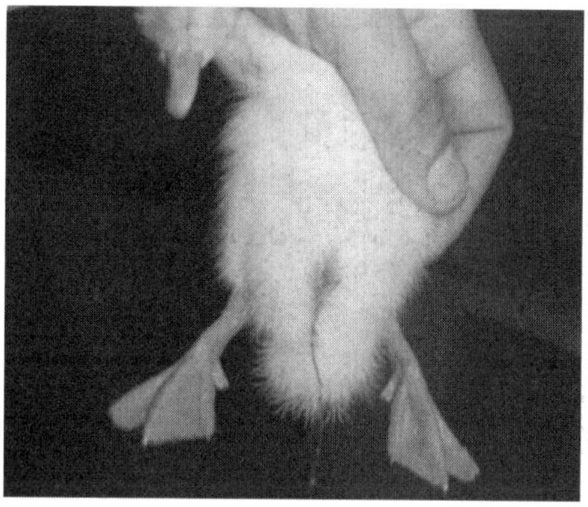

图 5-2-4　脐部愈合不良的雏鸭

三、雏鸭的饲养

(一)开饮

先饮水后开食。开饮一般在出壳后 24 h 左右进行。饮水水温为 20 ℃左右，可用 0.1%的高锰酸钾液或 5%的葡萄糖和 0.1%复合维生素，饮 3～5 d，5 d 后清洁饮水(图 5-2-5、图 5-2-6)。

图 5-2-5　乳头自动饮水器饮水

图 5-2-6　真空饮水器饮水

(二)开食

开饮后 15 min 进行。开食饲料用拌湿的全价配合饲料，最好用碎粒料，以有利于雏鸭的生长发育和提高成活率。将开食料撒在塑料布或草席上，让鸭自由采食，对不会吃食的雏鸭，应加以人工辅助。

(三)饲喂

前 3 天的喂料要掌握少喂多餐的原则，让鸭吃七八成饱即可。10 日龄以内的雏鸭每天喂 5～6 次，白天 4 次，晚上 1～2 次；11～20 日龄的雏鸭白天喂 3 次，晚上 1～2 次；20 日龄后的雏鸭白天喂 3 次，晚上喂 1 次；10 日龄后的雏鸭改为用料桶或料箱(图 5-2-7、图 5-2-8)。

图 5-2-7 开食盘过渡到料桶

图 5-2-8 鸭用喂料箱

四、环境条件

(一)温度

采用人工给温育雏,常用红外线灯、保温伞、煤炉、烟道等设备保温。

育雏前 3 天的温度为 30～28 ℃,以后逐渐降低,3 周龄以后温度不低于 15 ℃即可脱温,脱温要逐渐进行。15 日龄内要昼夜检查,尤其在凌晨 2:00～3:00,以防由雏鸭扎堆导致的窒息死亡,避免造成全身"湿毛"(表 5-2-1)。

表 5-2-1 蛋用雏鸭育雏温度

日龄	1～3	4～7	8～14	15～21	22～28
温度/℃	30～28	28～26	25～20	20～15	—

育雏温度是否合适可根据雏鸭行为表现判断。当育雏舍温度适宜时,雏鸭均匀分布,卧伏休息,睡眠安稳,没有怪叫声;当育雏温度低时,雏鸭缩颈耸翅,拥挤扎堆,不断往鸭堆里边钻或向上爬,并发出嘎嘎的叫声。当育雏温度高时,雏鸭喘气,饮水增多。

(二)密度及分群

育雏舍用隔栏分隔成若干小圈。进舍后的雏鸭按个体大小、强弱、年龄等进行分群饲养,每小群以 300～500 只为宜(图 5-2-9)。按年龄调整饲养密度。第一周的笼养密度为 50 只/m^2,第二周的笼养密度为 40 只/m^2,第三周的笼养密度为 32 只/m^2(表 5-2-2)。

图 5-2-9 合理分群

表 5-2-2　蛋用雏鸭地面饲养密度

日龄	1～10	11～20	21～30
夏季/(只/m^2)	35～30	25～30	25～20
冬季/(只/m^2)	40～35	35～30	25～20

(三)湿度与通风

育雏在第一周的湿度应保持为60%～70%，以利于卵黄吸收；第二周以后的温度保持为50%～55%，以防止湿度过大。在保温的前提下，保持鸭舍适宜的通风，但要防止贼风和穿堂风。

(四)光照

光照原则是保持恒定或逐渐减少。光照时间：1～7 日龄为 24 h，8～14 日龄为 18 h，15～21 日龄为 16 h，光照强度为 10 lx。22 日龄以后自然光照，夜间通宵弱光光照(用 15～25 W)。

五、训练放水和放牧

采用放牧和半舍饲饲养蛋鸭，应提前训练下水和放牧。在天气晴朗时，让鸭下水洗浴和运动，可促进雏鸭的新陈代谢，增强体质，促进生长发育。

(一)下水

5 日龄后可训练下水。在开始时，只能将鸭放在浅水池或沟渠的边缘，并有专人看守。每天上、下午各一次，每次以不超过 10 min 为宜，以后增加到每天 3～4 次。一般先喂料后下水，下水后上岸的鸭要在无风温暖的地方理毛，不能让湿毛雏鸭进育雏室休息(图 5-2-10)。

(二)放牧

7 日龄以上的雏鸭可进行放牧。在开始时，放牧时间不能太长，每天上、下午各 1 次，每次 20～30 min，待雏鸭适应后再延长放牧路程和时间。放牧地要选择地势平坦、青草幼嫩、水源较近的地方(图 5-2-11)。

图 5-2-10　下水

图 5-2-11　草地放牧

六、适当运动

在采用全舍饲时，雏鸭的运动可采用舍内转圈运动或舍外运动场运动(适用于1周龄以上的鸭)。在炎热的夏季，运动场要有树木或遮阴网，防止太阳暴晒。在雨天或寒冷天气，雏鸭不能放出运动，以免因淋湿而受凉。

七、做好清洁卫生

要经常保持鸭舍内外清洁、干燥、通风良好、空气新鲜，做到勤换垫料，清除积粪。水池定期更换水，并保持清洁卫生。定期进行消毒，饲槽、饮水器每天清洗、消毒，鸭舍地面、运动场也应定期消毒。

【职业技能测试】

一、填空题

1.鸭的饲养方式有__________、____________和__________ 3种。在我国肉用仔鸭多采用________，育成期蛋鸭多采用__________，种鸭多采用______________。

2.根据地面形式，鸭的饲养方式又分为__________、__________和__________ 3种。目前肉用仔鸭__________和蛋鸭__________ 正在逐步兴起。

3.蛋鸭饲养一般按育雏期______周龄，育成期______周龄，产蛋期______周龄分为3个阶段。

4.雏鸭的饲养方式最好采用__________和__________。

5.雏鸭育雏前3天的温度以______ ℃为宜。

6.10日龄内的雏鸭每天喂______次，白天喂______次，晚上喂______次。

7.当天气暖和时，雏鸭______日龄可以放水，______日龄可以放牧。

8.雏鸭的运动可采用__________和__________。

9.当雏鸭在舍外运动时，在炎热的夏季，运动场要有__________，防止太阳暴晒。在雨天或寒冷天气，雏鸭__________，以免淋湿受凉。

10.雏鸭一般先喂料后下水，不能让____________进育雏室休息。

11.放牧地要选择__________、__________、__________的地方。

12.雏鸭互相堆挤，不断往鸭堆里边钻或向上爬，说明育雏温度__________。

13.育雏舍应用隔栏分隔成若干小圈进行__________，每小群数量以______只为宜。

14.育雏在第一周的湿度应保持________，以利于卵黄吸收；第二周以后的温度保持为__________，保持鸭舍休息地要__________。

15.在采用全舍饲时，雏鸭的运动可采用舍内__________或舍外______________。

16.在雏鸭开饮时，在水中最好加入__________，以后加入____________，饮3～5 d为好。

二、问答题

1.雏鸭有何生理特点？

2. 健康雏鸭有何标准？

3. 如何做好雏鸭的饲养管理？

育成鸭的饲养管理

【学习目标】

为了使育成鸭生长发育整齐、体重适宜，并为蛋鸭适时开产和高产打下良好基础，因此在饲养育成鸭时要正确选择饲养方式，科学放牧和圈养，做好日常管理。

【必备知识】

一、育成鸭的特点

育成鸭是指5～18周龄的中鸭，也叫青年鸭。这个时期的鸭的消化机能已健全，生长发育迅速，是骨骼、羽毛、肌肉、生殖器官生长发育的重要时期。活动能力很强，合群性强。育成鸭饲养管理的好坏会直接影响产蛋鸭的生产性能和种鸭的种用价值。

【实践案例】

你打算如何利用水库放牧饲养育成蛋鸭，请制定一个育成鸭放牧饲养方案。

【实施过程】

一、饲养方式

多采用放牧饲养，也可舍饲圈养。

二、育成鸭的放牧饲养

放牧饲养是我国传统的饲养方式。育成鸭觅食能力强。它能在农田、江河、果园、水库、湖泊等觅食各种天然的动植物饲料，因此放牧饲养可节约大量饲料，降低饲养成本（图5-2-12至图5-2-15）。

（一）放牧前的训练和调教

1. 觅食训练

在放牧前，要训练鸭采食植物性和动物性的饲料。

①训练觅食稻谷：喂料前先将一部分稻谷撒在地上让鸭采食，以后再训练鸭从浅水中觅食。其方法是将喂食盘移到鸭滩边，并把一部分稻谷撒在浅水中，让鸭子去啄食（图5-2-16）。

②训练觅食螺蛳：首先，调教鸭群吃螺蛳肉；其次，改成将螺壳轧碎后连壳饲喂；最后，直接喂给过筛带壳的小嫩螺蛳（图5-2-17）。鸭在养成采食整只螺蛳的习惯后可将螺蛳撒在浅

水中，让鸭学会在浅水中采食螺蛳(图 5-2-17)。

图 5-2-12　农田放牧

图 5-2-13　江河放牧

图 5-2-14　果园放牧

图 5-2-15　湖泊放牧

图 5-2-16　调教觅食稻谷

图 5-2-17　调教采食螺蛳

2. 放牧信号训练

用固定的信号和动作训练，鸭群由此建立听从指挥的条件反射。

(二)放牧的方法

1.一条龙放牧法

适用于在收割后的稻田放牧。一般由 2～3 人管理一个鸭群。放牧时由一人在前面领路,引导鸭群前进,助手在后面两侧压阵,缓慢前行(图 5-2-18)。

2.满天星放牧法

将鸭群赶到放牧地内,让鸭群分散在放牧地内自由采食,放牧人员定时在田边走动进行巡视。此法适合于干田块或近期不会翻耕的田块(图 5-2-19)。

3.定时放牧法

按鸭的采食规律在采食高峰时期(上午 9:00～10:00,中午 12:00 至下午 2:00,下午 4:00～6:00)进行放牧采食,然后集中休息和洗浴。

图 5-2-18　一条龙放牧

图 5-2-19　满天星放牧

(三)放牧的注意事项

(1)在放牧前,要选择好放牧地和放牧路线　做到"四不放":刚施过化肥农药的不放;不割完禾的田块不放;发生传染病的疫区不放;受污染或污浊的河流不放。

(2)放牧要选择水浅的地方　应逆水觅食。当遇到有风时,应逆风放牧,以免鸭毛被吹开,鸭受凉。

(3)注意根据气温和水温确定放牧的时间　在夏季天热时,应在清晨或傍晚进行放牧,放牧地不能太远,以防鸭疲劳中暑。天气恶劣的时候尽量不放牧或不远牧。

(4)检查鸭群吃食情况　如果收牧时鸭嗉充盈,就说明放牧效果良好,可以不补饲;如果鸭嗉较空、精神不安,就说明野外觅食不足,需要补饲,以免影响生长(图 5-2-20)。

图 5-2-20　放牧后补料

三、育成鸭的圈养

(一)饲养技术

1. 饲料

育雏鸭料换成育成鸭料，一般使用粉料。在喂饲前，加适量清水拌成湿料，每天饲喂3～4次，保证饮水要充足。育成鸭料的蛋白质为15%～16%。

2. 限饲

圈养鸭活动量小，以防止育成鸭因体重过大、过肥或性成熟过早而影响以后的生产性能。根据品种参考喂料量，确定每次的给料量。如体重符合本品种各阶段体重标准，就不需要限饲。

限饲一般在10～16周龄进行。要结合称测体重确定饲喂量。在限饲前，必须称重1次，以后每2周抽样称测5%～10%的个体体重。根据体重观察鸭群的均匀度，调整鸭群的饲喂量，将鸭群体重控制在适宜范围(表5-2-3)。

表5-2-3　育成鸭在各周龄的体重和饲喂量

周龄	体重/g	参考喂料量/[g/(只·d)]	周龄	体重/g	参考喂料量/[g/(只·d)]
5	550	80	12	1 250	130
6	750	90	13	1 300	135
7	800	100	14	1 350	140
8	850	105	15	1 400	140
9	950	115	16	1 420	140
10	1 050	120	17	1 440	140
11	1 100	125	18	1 460	140

(二)管理技术

1. 分群和密度

圈养鸭每群以500只左右为宜。饲养密度：5～9周龄为20～15只/m^2，10～18周龄为12～8只/m^2。

2. 控制光照

光照时间宜短，不宜长，每天光照时间稳定在8～10 h，光照强度为5 lx。为方便鸭夜间休息、饮水，并防止鼠害走动引起惊群，鸭舍应通宵弱光照明(用15～25 W白炽灯)(图5-2-21)。

图5-2-21　夜间通宵弱光照明

3. 加强运动

每天定时在鸭舍驱赶鸭，做转圈运动，每天2～4次，每次5～10 min。鸭也可在鸭舍外的运动场和水池中活动、洗浴，以促进骨骼、肌肉生长，防止过肥。

4.减少应激

建立稳定生产规程，减少应激。合理安排采食、饮水、下水活动、上岸理毛、入舍休息等环节，并形成稳定的作息制度。饲养员多与鸭群接触，锻炼鸭群胆量，提高鸭子对环境的适应能力，防止惊群。

【职业技能测试】

一、填空题

1.育成鸭的饲养方法有____________、____________、____________。

2.育成鸭的放牧方法有____________、____________、____________。

3.育成鸭要控制光照，每天光照时间稳定在________，光照强度__________即可。为方便鸭夜间休息、饮水，育成鸭舍内应__________照明。

4.圈养育成鸭每群的大小以__________只左右为宜。

5.圈养育成鸭一般喂________________。每天喂______。

6.育成鸭的限饲一般在__________周龄进行。

7.育成鸭在放牧饲养前应训练鸭采食__________和________饲料。训练时应使用固定的____________训练。

8.每天定时在鸭舍驱赶鸭做______________，每天______________次。

二、问答题

1.如何进行育成鸭的放牧饲养？

2.简述育成鸭放牧饲养的注意事项。

产蛋鸭的饲养管理

【学习目标】

为了提高产蛋鸭的产蛋量和蛋重，减少破蛋和脏蛋，降低饲料消耗及死淘率，根据产蛋鸭的特点，合理划分饲养阶段；依据产蛋鸭的产蛋规律，采用科学的饲养管理措施，获得最佳经济效益。

【必备知识】

育成鸭的特点

一、产蛋期饲养阶段的划分

蛋鸭的产蛋期一般被分为4个阶段：150～200日龄为产蛋初期；200～300日龄为产蛋前期；300～400日龄为产蛋中期；400～500日龄为产蛋后期。

二、产蛋鸭的特点

（一）新陈代谢旺盛，勤觅食

产蛋鸭代谢旺盛，消化快，觅食最勤。早晨醒得早，叫得早；放牧时出舍快，四处觅食；喂料时反应快，好抢食。此阶段的营养不足可导致产蛋量下降，蛋重减轻，蛋壳质量差，体重下降等。

（二）生活、生产规律

经过前期调教饲养，产蛋鸭已形成放鸭、喂料、光照、休息、产蛋等有规律的活动。如果突然改变，就会引起产蛋量的下降。

（三）胆大，性情温顺，喜欢离群

母鸭开产后胆大，到处觅食，喜欢单独行动，增加放牧难度。鸭进舍后安静伏卧，不乱跑乱叫，安静休息。

三、产蛋规律

（一）产蛋量高

150 日龄左右的产蛋率达到 50%，200 日龄的产蛋率达 90%以上。在正常饲养管理条件下，产蛋高峰期可持续到 450 日龄左右，以后产蛋率会逐渐下降。第 1 个产蛋年的产蛋量为最高，以后逐年减少。年产蛋量可达 280～300 枚，总重为 19～20 kg。

（二）夜间产蛋性

母鸭产蛋大多集中在凌晨 0:00～3:00，夏季多在凌晨 0:00～2:00，冬季多在凌晨 2:00～4:00。母鸭规律性很强，环境应安静，避免鸟兽干扰、异常声响等应激因素的干扰，防止由鸭群骚乱、惊群引起的产蛋量下降。

【实践案例】

如何保证产蛋鸭群有较高的产蛋率？

【实施过程】

一、饲养方式

我国传统饲养产蛋鸭多采用半舍饲的地面平养（图 5-2-22）。随着集约化程度增加，饲养方式逐渐采用全舍饲笼养（图 5-2-23）

图 5-2-22　半舍饲的地面平养

图 5-2-23　全舍饲笼养

二、环境条件

1. 温度

产蛋鸭适宜的环境温度为 13～20 ℃。

2. 光照

产蛋鸭光照原则是只宜延长，不可缩短。有利于母鸭产蛋的光照时间为 15～16 h/d，光照强度为 10 lx，即每平方米 2.5～3 W。夜间用弱光通宵光照（用 15～25 W 白炽灯），以便于鸭群在夜间饮水、采食，并到产蛋箱产蛋（表 5-2-4）。

表 5-2-4　产蛋鸭的光照时间和光照强度

周龄	光照时间	光照强度
1	24 h	10 lx
2～7	23 h	10 lx，另加 1 h 弱光光照
8～18	8～10 h 或自然光照	夜间暗光光照
19～22	每天增加 15～20 min，直至 16 h	10 lx，夜间弱光光照
23 以后	维持在 16 h，淘汰前 4 周可增加至 17 h	10 lx，夜间弱光光照

3. 饲养密度

地面平养的饲养密度为 6～8 只/m^2，每群以 500～800 只为宜。保持鸭舍及运动场清洁卫生、干燥，定期消毒。保持环境安静，减少应激，以免引起产蛋率下降。

4. 设置产蛋窝

开产前要放入产蛋箱。一般采用开放式的产蛋箱，可在鸭舍一角用围栏隔开或沿鸭舍周边靠墙设置连续的产蛋间或产蛋箱。产蛋箱（间）的规格为 40 cm×30 cm×40 cm 。每个产蛋箱（间）可供 4 只母鸭产蛋（图 5-2-24）。也可定制塑料产蛋箱（图 5-2-25）。在产蛋箱的底部铺上松软干净的垫草，并经常添加或更换垫草。产蛋箱位置不能随意更改。

图 5-2-24　靠墙设置的产蛋间

图 5-2-25　塑料产蛋箱

三、产蛋期的饲养管理

(一)产蛋初期和产蛋前期(开产至300日龄)

饲养管理的重点是密切关注产蛋率、蛋重上升趋势,并随之增加饲喂次数和提高饲料质量,尽快将其推向产蛋高峰。

①提高饲料营养。当产蛋率在60%以下时,喂含粗蛋白质为15%~16%的配合饲料。当产蛋率达60%以上时,喂含粗蛋白质17%~22%的配合饲料。

②增加饲喂次数。每天喂4次,白天喂3次,晚上21:00~22:00喂1次。每只鸭平均喂全价配合饲料150 g/d。要保证饮水充足。

③从17~19周龄开始逐渐增加光照,每周补光时间递增不超过0.5 h,在22周龄时达到16 h,以后维持不变,夜间通宵弱光照明(图5-2-26)。

图5-2-26 人工补充光照

④适当运动。在吃料后,鸭群每天可下池洗浴2~3次,每次下水时间为15~30 min。在上岸后,应晾干羽毛,再赶入圈舍休息。当因大雨、寒冷不能外出活动时,每天应在圈舍内轻赶鸭群做转圈运动,每天6~8次,每次2~3 min,让鸭群得到适当的运动。

⑤环境清洁安静。鸭舍内要及时清除粪便,经常更换垫料,保持鸭体清洁。尽量保持鸭群安静,少受惊扰。减少各种噪声,以免惊群。

⑥及时拣蛋。鸭多为下半夜产蛋,应及时捡蛋、勤捡蛋。窝外蛋应及时拣入产蛋箱,减少脏蛋和破蛋。

(二)产蛋中期(300~400日龄)

本阶段饲养管理的重点是维持高产,力求产蛋高峰期维持到400日龄以后。

①提高饲料营养。喂给含19%~20%蛋白质的配合饲料,每只鸭每天采食量为150 g左右,并适当增喂颗粒型钙质。

②维持稳定、安静、卫生的生活环境,尽可能使产蛋高峰期持续较长时间。

③产蛋期的光照时间维持在16 h,不能减少。

④在产蛋中期,应淘汰低产鸭。低产鸭一般是体重大,触摸肛门小,耻骨间距窄,腹部过度下垂的鸭。

⑤在日常管理中,观察蛋重、蛋壳质量有无明显的变化,产蛋时间是否集中,精神状态是否良好,洗浴后羽毛是否沾湿等,以便及时采取有效措施。

(三)产蛋后期(400~500日龄)

根据鸭群的体重和产蛋率变化,调整营养水平和喂料量,以尽量减缓鸭群产蛋率的下降。

①当产蛋率较高时,维持原饲料营养水平;当产蛋率较低时,适当降低蛋白质水平,控制体重增加,同时适当增加钙、磷含量;当产蛋率降至60%左右时,则应考虑及早淘汰。

②光照时间维持在16 h,不能减少。如产蛋率已降至60%,光照时间可增加到17 h,直

至淘汰为止。

③多放少关鸭，促进运动。每天在鸭舍做转圈运动 2～3 次，每次 5～10 min。

④操作规程保持稳定，避免由一切突然刺激而引起的应激反应，导致停产。

【职业技能测试】

一、填空题

1. 产蛋鸭的饲养方式目前多采用__________。

2. 产蛋期的光照时间要逐渐增加，至 22 周龄时达到____________，以后不变，夜间要____________。

3. 母鸭产蛋大多集中在______________。

4. 开产前要放入产蛋箱，产蛋箱规格为______________，每个产蛋箱可供________只母鸭产蛋。

5. 产蛋鸭适宜的环境温度为____________________。

6. 产蛋鸭地面平养饲养密度______________，每群________ 只。

7. 产蛋鸭一般____________ 产蛋率达到 50%，__________ 产蛋率达 90%以上，在正常饲养管理条件下，产蛋高峰期可持续到__________ 左右。

8. 产蛋鸭每天喂料________ 次，白天喂________ 次晚上喂________ 次，每天每只鸭平均喂配合饲料 ______ g 左右。

二、问答题

1. 产蛋鸭有何产蛋规律？

2. 如何做好产蛋鸭各期的饲养管理，提高产蛋率？

蛋种鸭的饲养管理

【学习目标】

蛋种鸭的饲养管理的目标是提高种蛋合格率和受精率。要选择适宜的饲养方式，并根据生产管理特点，有针对性地做好种鸭的选择、种公鸭培育、产蛋期饲养管理及种鸭人工强制换羽的重点环节，以达到更高的种蛋合格率和孵化率。

【必备知识】

人工强制换羽

人工强制换羽是指人为地强制鸭群停止产蛋，以加快换羽速度，控制产蛋季节，缩短停产时间，提高种蛋品质的一项技术措施。

如果任由种鸭自然换羽，则种鸭需 3～4 个月的休产期，且参差不齐，蛋的品质下降。人工强制换羽可加速换羽进程，休产换羽期可缩短在 2 个月内。换羽后的种鸭的耐粗饲和耐寒能力增强，产蛋整齐，蛋的品质好。目前，饲养 2 年的种鸭群在各地对其普遍实施强制换羽来提高种鸭的产蛋率。

【实践案例】

现养有一批进入产蛋后期的1年龄的种母鸭,想利用第2个产蛋年,请你制定母鸭强制换羽方案。

【实施过程】

一、种公鸭的培育

(一)种公鸭的选择

应选择体质强壮、性器官发育健全、活泼、健康的公鸭作为种公鸭。公鸭的年龄一般要比母鸭早1~2个月。在母鸭产蛋前,公鸭已经达到性成熟。

(二)公、母鸭分开饲养

在育成育雏阶段,公、母鸭最好分开饲养。在育成期,采用以放牧为主的饲养方法,公鸭能充分采食野生饲料,同时也能多活动,多锻炼。当公鸭性成熟但还未到配种期时,尽量放旱地活动,少让其下水活动,以免下水后公鸭之间相互嬉戏,形成恶癖。在配种前20天,将公鸭混入母鸭群,此时要多放水,少关饲。创造条件,促使其性欲旺盛,增加有效的配种次数。

二、种鸭公、母的比例

蛋鸭品种的公鸭的配种性能很好,公、母比例以1∶(20~25)为宜,一般受精率可达90%以上。由于过多的公鸭或新增进的公鸭会扰乱鸭群的秩序,所以需要立即剔除过剩的公鸭(图5-2-27)。在饲养过程中,观察受精率。若发现某个鸭群受精率偏低,应及时找出原因,尤其要检查公鸭。如果发现不合格的个体,就要立即淘汰。

图5-2-27　种鸭公、母的比例

三、种鸭的管理

①鸭舍要保持干燥、清洁。在鸭舍一角或沿墙设置产蛋窝，再放几个蛋作为引蛋，引诱新母鸭集中产蛋。运动场要保证流水畅通，不能积有污水，以保持鸭体干燥清洁。

②鸭舍通风良好。特别当外界温度高时，要加强通风换气。

③加强洗浴。鸭子交配是在水中进行。交配的高峰期主要在清晨和傍晚。延长种鸭下水时间，做到早放鸭、迟关鸭，以利于配种，提高受精率(图 5-2-28)。

④及时收集种蛋，不能让种蛋受污、受潮、受晒。不同日期收集的种蛋应分别被存放在指定的阴凉之处(图 5-2-29)。

图 5-2-28　加强洗浴

图 5-2-29　及时收集种蛋

四、人工强换羽技术

(一)强制换羽前的处理

1. 开始时间

当鸭群产蛋率降至 30%左右，部分母鸭的主翼羽已开始脱落时，健康高产的鸭群就应进行人工强制换羽。

2. 换羽前全群选择

淘汰病弱、伤残、过肥过瘦的个体。全群称重，按体重大小分群，且公、母分开饲养。清理剩余的饲料，移出料箱、产蛋箱，重新铺上垫料。

(二)方法步骤

鸭的强制换羽一般是通过换羽期、拔羽期、恢复期 3 个阶段来进行。

1. 换羽期

①饲养方式。采用圈养、断料、控水、限光方法，以促进换羽停产。第 1 天将鸭群圈养在舍内，停止下水洗浴，夜间停止照明，连续 1～3 d 断料，每天供水 3 h。上午、中午、下午分别供水 1 h。第 4 天开始给少量糠麸类饲料。第 7～13 天增加糠麸类饲料。

②换羽期的确定。以失重率作为衡量指标，一般失重率控制为 30%左右。当开始停料

2～3 d，绝大多数鸭不排粪便时，第 1 次称重，第 1 次抽样 10％称重（做上记号，以后固定称重这些个体），计算失重率。如达失重指标，则拔羽和恢复喂料；如未达指标，则继续实施停料控水。当 10 d 左右第 2 次称重，接近失重率 30％时，开始恢复喂料，每天增加光照 1～17 h。

2. 拔羽期

经过停料刺激后，于第 15～20 天可开始人工拔羽。拔羽必须在羽根已干枯、拔时易脱、不出血、不带肉时进行。拔羽时应将主翼羽、副翼羽、主尾羽依次逐一拔除。

3. 恢复期

拔羽当天恢复喂料。饲料营养和喂料量逐渐增加，见蛋后立即恢复产蛋料，并根据产蛋率增加喂料量。在拔羽后的第 2 天开始放牧放水。在拔羽后 5 d 内，避免烈日暴晒，保护毛囊组织，以利于新羽的生长。

【知识拓展】

一、蛋鸭旱地圈养喷淋饲养技术

蛋鸭旱地圈养喷淋饲养技术是指蛋鸭全程饲养在舍内，不放水，使用喷淋设施淋鸭，满足鸭对水的生理需求，是一种生态无公害的养鸭新技术（图 5-2-30）。

（一）优势

与传统水面圈养相比，旱地圈养的 500 日龄产蛋量、蛋品质不受影响，饲料转化率提高了 18％；500 日龄死淘率降低了 3.1％，且不影响蛋种鸭的受精率和孵化率。

图 5-2-30　旱地圈养喷淋

（二）饲养设施条件

1. 旱地运动场和产蛋间

鸭舍设舍内产蛋间和旱地运动场，地面铺水泥。产蛋间用谷壳或木屑作垫料。旱地运动场向外侧倾斜，坡度为 2％～3％。旱地运动场与舍内产蛋间的面积比例为（1～1.5）∶1。

2. 产蛋箱

在开产前，在产蛋间沿墙放置产蛋箱。每个产蛋箱的规格为 40 cm×30 cm。一个产蛋箱饲养 4～5 只蛋鸭。

3. 饮水器

采用钟式饮水器、普拉松饮水器或专供鸭用的乳头式饮水器。

4. 饲料桶

在产蛋间或旱地运动场有檐处设吊挂式料桶。

5. 间歇喷淋设施

在旱地运动场的外缘平行于鸭舍的地方，纵向铺设宽度为 80～100 cm 的排水沟。排水沟内径为 500 mm，斜度为 0.5％。在排水沟上盖活动漏缝格栅，格栅网眼以鸭掌不陷落为宜。格栅上方 80～100 cm 处铺设直径为 1.5 cm 的间歇喷淋管，在喷淋管朝天一侧每隔 15～20 cm，安装孔径为 1 mm 的喷水孔，保持喷淋管内的水压约为 0.159 MPa，喷淋水形成水花。鸭应每天喷洒 2～3 次，每次 30 min。喷淋用水和旱地运动场冲洗用水经排水沟汇集，做无害化处理。

6. 无害化处理设施

应设有粪便污水和病死鸭尸体无害化处理设施。喷淋水和旱地运动场的冲洗水经排水沟汇入沼气池，经无害化处理达标排放，每 100 只成鸭需要建沼气池 1 m^3。

二、蛋鸭的笼养技术

蛋鸭笼养如图 5-2-31 所示。

图 5-2-31　蛋鸭笼养

(一)优势

①环境易于控制，可减少应激的发生。与接触外界环境少，生物隔离好，易于防疫消毒，发病率低。

②按笼诊疗或淘汰病残鸭，保证群体产蛋率。易于集蛋，破蛋率低，蛋表面清洁。活动少，降低饲料消耗。

③不污染水源，节约用水量。无须垫料，可提供高质量有机肥。

④立体养殖提高了鸭舍单位面积的利用率和生产效率。

(二)笼养的设备要求

与集约化笼养鸡设备相比，鸭笼的尺寸稍大，以适于鸭体形的需要；食槽稍宽，以便于鸭呷食。饮水器为鸭专用饮水器，其他基本无差异。笼的前门高为 40 cm、宽为 40 cm，笼的后门高为 30 cm，食槽宽为 13 cm。每组笼架宽为 160 cm、高为 155 cm、跨度为 200～220 cm，粪槽宽为 200～220 cm，进口的坡度为 30 cm，出口的坡度为 40 cm，使用刮粪板机械清粪。

【职业技能测试】

一、填空题

1. 种鸭实行人工强制换羽需要________个月左右可恢复产蛋。

2. 蛋鸭品种的公鸭的配种性能很好，受精率很高，公母比例________为宜。

3. 鸭的强制换羽一般是经过________、________和________ 3 个阶段。

4. 蛋鸭生态无公害饲养模式有________和________。

5. 在人工强制换羽时，换羽期的确定以________为衡量指标，一般控制在______左右。

6. 拔羽必须在________时进行。拔羽时将________逐一拔除。

7. 鸭交配是在________进行，交配的高峰期主要在________和________。

8. 鸭子交配是在水中进行。为有利于配种，提高受精率，要延长种鸭________，做到________。

9. 在人工强制换羽时，换羽期采用________、________、________、________方法以促使种鸭换羽停产。

二、问答题

1. 如何进行种鸭的人工强制换羽？

任务三　肉鸭的饲养管理

肉用仔鸭的饲养管理

【学习目标】

要取得肉用仔鸭的良好生产成绩，需要了解肉用仔鸭生产特点、饲养方式，掌握肉鸭饲养技术及育肥技术，通过采用科学合理的肉鸭饲养管理技术，肉用仔鸭的出栏质量得以全面提高。

【必备知识】

一、肉用仔鸭饲养阶段的划分

肉用仔鸭一般是指 0～7 周龄的肉鸭。其中 0～3 周龄为育雏期，4 周龄到上市为生长肥育期。

二、肉用仔鸭的生产特点

肉用仔鸭具有生长迅速，饲料报酬高，体重大，出肉率高，生产周期短，全年可批量生产等特点。肉用仔鸭的早期生长速度是家禽中早期生长速度最快的。大型商品肉鸭饲养 7～8 周龄体重可达 3.0～3.5 kg 以上，为其初生体重的 50 倍以上，料肉比(2.6～2.7)∶1。由于饲养期短，资金周转快，适用于集约化生产和全年批量生产。

三、肉用仔鸭的饲养方式

肉用仔鸭的饲养方式可采用放牧和舍饲。在生产中，多用全舍饲，且采用地面平养、网上平养和笼养。其中，笼养主要用于育雏。

【实践案例】

某肉鸭养殖公司正在开发肉鸭养殖户，需要给养殖户进行肉鸭旱养技术培训，请你拟定一份肉用仔鸭旱养技术培训内容。

【实施过程】

一、肉用仔鸭的全舍饲旱养技术

肉用仔鸭全舍饲旱养技术是指肉鸭的整个饲养期内既不下水活动，也不放牧，故这种饲养技术又被称为旱地圈养，简称旱养。这种新型饲养方式既可避免水源缺乏，又能避免由水中寄生虫造成的传染病危害，同时还能减少对水源的污染。这种饲养方式具有省工省料、方便管理、肉鸭生长快和育肥性能好、经济效益和社会效益较好的优点。

(一)品种

旱养适合于性情温顺、适应性强、合群性好、喜安静、生长快、育肥性能好，适宜网上密集化群饲旱养的优良品种，如樱桃谷鸭、北京鸭和番鸭等。

(二)饲养方式

肉鸭旱养可采用地面平养、网上平养、地面和网上混合平养等方式。在育雏期，肉鸭最好采用网上平养；在肥育期，肉鸭采用网上平养、地面和网上混合平养。

1.地面平养

地面可采用水泥地面、土地面等，地面上要铺设厚垫料。垫料要干燥，鸭舍通风良好，否则垫料易潮湿和易被严重污染。氨气浓度升高，易诱发疾病(图 5-3-1)。

图 5-3-1　地面平养

2.网上平养

网上平养是指在铺设金属网、塑料网或竹、木条的网上饲养。床高为 0.6～0.7 m、宽为 3～4 m，长度与鸭舍长度相等，可为单列式或双列式，中间过道为 1～1.2 m。网床用木架或空心钢管焊架，采用网材，网孔直径为 1 cm，4 周龄以上为 1.5 cm。当采用木条或竹条时，木条或竹条宽为 2.5 cm，间距为 1.5 cm，无刺及锐边。根据鸭舍宽度和长度分成小栏，网壁高为 30～50 cm。水槽与料槽设在边网内两侧。在鸭舍的网床下面设置半倾斜水泥地面或水沟，以利于冲洗和清扫鸭粪(图 5-3-2)。

图 5-3-2　网上平养

3.地面和网上混合平养

由斜坡连接网床与舍外运动场。网床的规格与网上平养的规格相同。地面比网面要低，且有一定的坡度。在夏季，有条件的运动场最好搭设遮阳网(图 5-3-3)。

图 5-3-3 地面和网上混合平养

(三)雏鸭的饲养管理

1. 饲喂方法

(1)饮水 雏鸭在出壳 24 h 内应立即给水。用饮水器或水盘开水,自由饮水。供给温开水,并在饮水中加入适量的维生素 C、葡萄糖、抗生素,以提高成活率。以后可用自动饮水器或水槽饮水(图 5-3-4)。

(2)开食与饲喂 饮水后即可开食。饲料采用肉雏鸭专用全价颗粒饲料(图 5-3-5),用温水拌湿后,撒在开食盘或塑料薄膜上任其自由采食。

图 5-3-4 饮水

图 5-3-5 喂料

在 1 周龄时,应少喂勤添,2 h 喂料 1 次,晚上喂 2 次;在 1 周龄后,采用昼夜自由采食;在 2 周龄时,喂 6 次,一次安排在晚上;在 3 周龄时,每昼夜喂 4 次。

在投料时,如果发现上次喂料仍有剩余,则应酌量减少,反之,应增加一些。饲料要求新鲜,防止因饲料被污染而引起的雏鸭患病或造成饲料浪费。

2. 环境条件

(1)温度 1～3 日龄需要的温度为 32～30 ℃,4～7 日龄需要的温度为 28～30 ℃,8～14 日龄需要的温度为 25～28 ℃,15 日龄以后的温度保持为 20～25 ℃。冷天要防寒保暖,将鸭舍漏风处堵住,防止寒风侵袭。热天要防暑降温,将鸭舍通风处敞开,促进空气流通。

(2)湿度　第 1 周的湿度为 60%～70%，第 2 周后的湿度为 50%～60%。

(3)光照　采用 23 h 光照，1 h 黑暗光照，夜晚用 15 W 灯泡弱光照明。肉鸭胆小，夜间容易发生因堆挤而造成的伤残，因此夜间补光既可为鸭壮胆，又便于饲养管理。

(4)饲养密度　①网上平养：1 周龄为 25～30 只/m^2，2 周龄为 15～25 只/m^2，3 周龄为 10～15 只/m^2。②地面平养：1 周龄为 15～20 只/m^2，2 周龄为 12～15 只/m^2，3 周龄为 7～10 只/m^2。

3. 分群，防扎堆

分群管理提高育雏率，按个体强弱、大小分为小群，每群 300～500 只为宜。饲养过程中要经常检查，避免各种应激，防止鸭子拥挤扎堆，造成意外伤亡。

4. 环境卫生

垫料要经常翻晒、更换，保持环境干燥。网床上的粪便，每天打扫 1 次，网床下的粪便每天清除 1 次。食槽、饮水槽要经常洗刷，保持干净。鸭舍要定期消毒。

(四)生长肥育期的饲养管理

1. 环境条件

(1)温度　一般温度保持为 12～24 ℃，最好为 15～18 ℃。冬季要适当加温，夏天要做好通风和喷水降温等防暑工作，有条件的可用电扇等通风设备，中午向舍内、鸭体喷淋降温。

(2)湿度　湿度以 50%～60%为宜，保持地面垫料干燥。

(3)饲养密度　①网上平养：4 周龄为 10～14 只/m^2，5 周龄为 9～14 只/m^2，6 周龄为 9～12 只/m^2，7 周龄为 8～10 只/m^2。②地面平养：4 周龄为 7～8 只/m^2，5 周龄为 6～7 只/m^2，6 周龄为 5～6 只/m^2，7 周龄为 3～4 只/m^2。

(4)光照　晚上用暗光照明，白天自然光照明。夜晚除喂料时开灯外，其他时间的弱光照明最好用红色光照，让鸭少活动，多休息，快速增重。

2. 饲喂

自 4 周龄起，肉雏鸭料换成育肥鸭的全价配合饲料，最好采用颗粒料。使用粉料必须拌湿喂。每昼夜投料 4 次，白天 3 次，晚上 1 次，自由采食。为防止饲料浪费，料槽的宽度应为 10 cm 左右，每只鸭占饲槽长度为 10 cm 以上。每只鸭的水槽位置应在 12.5 cm 以上，以保证充足清洁的饮水。

3. 育肥

在上市场前两周开始育肥最为适宜。在育肥期间，要使用高能量、低蛋白的配合饲料。

(1)自食育肥　采用自由采食、自由饮水。将育肥配合饲料加水拌湿放置 3～4 h 进行软化，以提高消化率和饲料利用率。每天定时喂 4～5 次，加喂 1 次夜食，任其饱食，保证饮水供应(图 5-3-6)。

图 5-3-6　自食育肥

在饲料中加入沙砾或在料桶中加入沙砾，任鸭采食，以助于消化。饲养密度适宜，地面平养以 3～4 只/m^2 为宜，网上平养以 6～8 只/m^2 为宜。鸭舍要求光线较暗，空气流通，周围环境安静，防止鸭群受惊，影响增重。舍内的垫料要经常翻晒或增加垫料，保持地面干燥。垫料厚度不够或板结易造成胸囊肿，从而影响屠体品质。

(2)人工填饲育肥　人工填鸭育肥是指通过人为强制鸭吞食大量高能量饲料，促进其在短期内快速增重和沉积脂肪，从而达到快速育肥的目的。填鸭主要用于烤鸭制作。

①填饲饲料：填饲前将配合饲料加水调成稠粥状，料水比为 2∶3。先用水闷浸饲料 4 h，搅拌后再用填饲机填饲或将饲料搓成圆条后，手工填饲。

②填饲方法：左手握鸭的头部，拇指与食指撑开上下喙，中指下压舌部，右手轻握鸭的食道膨大部，轻轻将鸭嘴套在填食管上。慢慢向前推送，让胶管插入咽下食道中，此时要使鸭体与胶管平行，以免刺伤食道，然后将饲料压进鸭的食道膨大部，并随着饲料的压进，慢慢向外退出填鸭。在手工填饲时，将圆条先沾点水，使之润滑，然后由口腔向食道填入。在开始填饲时，每次 150 g，以后由少到多，可填饲到 350～450 g，每天填喂 3 次(图 5-3-7)。

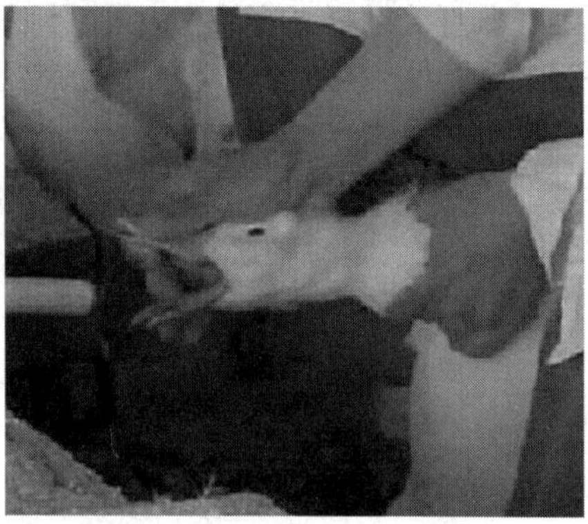

图 5-3-7　人工填饲育肥

③填后管理：鸭舍光线要暗，保持垫草干燥；鸭舍保持安静，避免噪声和引起鸭群骚乱；填饲后的鸭不爱活动，应缓慢驱赶鸭只运动，防止久伏地面造成胸部淤血。前期的饲养密度为 2.5～3 只/m²，后期的饲养密度为 2～2.5 只/m²。

4. 出栏

肉用仔鸭在 5～7 周龄时处于增重高峰期，在 7 周龄时肌肉丰满，且羽毛已基本长齐，饲料转化率高，在 7 周龄后生长速度降低。选择在 7 周龄时上市最为理想和经济。如果生产分割肉，建议养至 8 周龄。其原因是后期腿肌生长较快。

二、放牧型肉用仔鸭的饲养管理

在我国华北、华南、华中和西南等地区，野生动植物饲料资源丰富。鸭群可放牧在农田、江河、沟渠边等地，以充分利用自然资源。放牧与补饲结合可节省饲料，降低生产成本。麻鸭经放牧饲养到 60～70 d，体重达 2.0 kg 左右，即可屠宰上市。

(一)品种

选择麻鸭类型的地方品种，体形小，行走方便、灵活，觅食力强。如高邮鸭、建昌鸭、广西小麻鸭等。

(二)雏鸭的饲养管理

1. 饲养方式

育雏期一般为 20 d，采用以舍饲加补饲为主、放牧为辅的饲养方式。

2. 饲喂

喂全价配合饲料。第 1 周喂料 5～6 次，第 2 周喂料 4～5 次，第 3 周喂料 3～4 次。1 周龄后的雏鸭逐渐进行放牧。当白天收牧时，鸭在水围里休息，晚上赶回陆围过夜。补料要在放牧前进行，以便雏鸭在放牧时有充沛的体力采食。

3. 分群

当育雏数量大时，应用围栏分隔鸭舍，每小栏以 20～25 只为宜，防止挤压成堆。雏鸭过夜的管理要特别重视，每隔 2～3 h 查看 1 次。尤其是在天气变化大的夜晚，要加强管理。

(三)育肥鸭的饲养管理

在育雏结束后，就可全天放牧饲养。放牧鸭群以 600～800 只为宜。一般上、下午各放牧 1 次，中午赶到岸上休息。晚上补料 1 次，让鸭吃饱过夜。我国南方水稻产区主要利用秋收后稻田中的落谷为饲料进行育肥(图 5-3-8)。仔鸭应在收稻前 2 个月育雏，放牧 20～35 d，体重达 2.0 kg 左右，即可屠宰上市。

(四)稻鸭共养

鸭子一般在 6 月中旬左右育雏，可与水稻的栽插同步进行。舍内育雏 7～10 d，手插秧在插秧后 7～10 d，机插秧在插秧后 10～15 d 即可投入大田放养(图 5-3-9)。自放养期至水稻抽穗扬花时为止，一般 7～8 周即可出售。稻田养鸭一般每亩以放养 15～20 只为宜。

图 5-3-8 收稻后的放牧

图 5-3-9 稻鸭共养

【职业技能测试】

一、填空题

1. 肉用仔鸭一般指__________周龄的肉鸭，__________周龄为育雏期，__________周龄到上市为生长肥育期。

2. 肉用仔鸭一般饲养__________周龄，体重达__________，料肉比为__________。

2. 适宜旱养的肉鸭品种有__________、__________等。

3. 肉用仔鸭旱养是指肉鸭的整个饲养期内，既__________也__________。

4. 肉用仔鸭旱养采用的饲养方式有__________、__________、__________等。

5. 肉用仔鸭旱养育肥一般采用____________________和______________。

6. 肉用仔鸭育雏期光照采用__________光照，__________黑暗光照。

7. 肉用仔鸭自食育肥的饲养密度：地面平养为__________，网上平养为__________。

8. 肉用仔鸭__________周龄处于增重高峰期，______周龄后生长速度降低，所以应选择______周龄上市最为理想和经济。

9. 放牧型麻鸭一般饲养到__________日龄，体重达______________即可上市。

10. 稻鸭共养放养：手插秧在插秧后____ d，机插秧在插秧后____ d 即可投入大田放养。

二、问答题

1. 肉用仔鸭的自食育肥如何进行？

2. 肉用仔鸭的填饲育肥如何进行？

肉用种鸭的饲养管理

【学习目标】

在育雏期和育成期，肉用种鸭要求种雏应体重达标。肉用种鸭在育雏期的成活率可达90%以上，在育成期的成活率可达90%～95%。北京鸭及樱桃谷鸭全程产蛋可达230～260枚/只，孵化率为75%～85%，受精率为90%左右，死淘率为1%。通过肉用种鸭的限制饲养和科学的产蛋期饲养管理技术，可达到目标。

【必备知识】

一、肉用种鸭饲养阶段的划分

育雏期为0～4周龄，育成期为5～26周龄，产蛋期为27～66周龄。

【实践案例】

制定一份肉用种鸭获得高产蛋量和高种蛋受精率的方案。

【实施过程】

一、育雏期的饲养管理

育雏期是为育成期和产蛋期打好基础，因此采取科学的饲养管理，培育优良的种雏。

（一）饲养方式

育雏期的饲养方式采用全舍饲或半舍饲，有地面平养、网上平养、笼养3种。

（二）环境条件

1. 温度

1日龄温度为29～31 ℃，以后逐渐降低，至21日龄不低于15 ℃，即可不用保温。

2. 湿度

第1周的湿度为65%，要注意保持鸭舍干燥、防止漏水、垫料潮湿和霉变。第2周后的湿度为55%～60%。

3. 饲养密度

1周龄的饲养密度至少为25只/m^2，2周龄的饲养密度为10只/m^2，3周龄的饲养密度为5只/m^2，4周龄的饲养密度为2只/m^2。

4. 光照

在1～3日龄时，每天光照时间为23 h，光照强度为20 lx。自4日龄起逐渐减少夜间光照补充时间，直至2周龄结束时与自然光照时间相同。

(三)饲喂

选用种鸭育雏期全价配合颗粒料或粉料，按喂料量标准分次饲喂，也可以按照规定次数，每次喂饱。在1～7日龄时，自由采食，昼夜喂料。在1日龄时，可以2小时喂1次，少喂勤添。在8～14日龄时，逐渐减少夜间喂料。在14日龄时，夜晚不喂料。在15～21日龄时，每天喂3次，不能缺少饮水。在前3天的饮水中加入维生素C、葡萄糖、矿物质等，以减少由环境改变引起的应激。

(四)管理

(1)分群　按育种公司的比例，每群为1～2套，一般每套鸭为140只，公、母混养。

(2)称重　在28日龄时，早上空腹称重，每群称10%个体体重。若每群少于140只鸭，则公鸭要按50%以上的比例称重。体重在标准范围±2%内的种鸭为合格。

二、育成期的饲养管理

育成期饲养管理的关键是控制体重和光照。

(一)饲养方式

多采用半舍饲的地面垫料平养(图5-3-10)。固定鸭舍、陆地运动场和水上运动场或人工水池。人工水池宽为2.5～3 m，深度为0.5～0.8 m。

(二)转群和分群

4周龄末转群。在转群前一周，准备好鸭舍；在转群前，加好应喂的饲料量，加满水槽。鸭舍分隔成栏。每群按1套或2套鸭组群，一般每套为140只(图5-3-11)。公、母混群饲养，饲养密度以每只鸭0.4 m^2鸭舍+0.5 m^2运动场+0.1 m^2水池来计算。按舍内面积，中型鸭以5～7.5只/m^2为宜。

图5-3-10　半舍饲地面平养

图5-3-11　分群饲养

(三)限制饲养

1. 喂料量的确定

从5周龄开始改喂育成期料，可喂颗粒料或粉料。其中，粉料应拌湿喂。喂料量可按每天每只给料量 150 g 或按育种公司提供的标准给料。

在 28 日龄时，早上空腹称重，从鸭群中随机抽测 10% 个体体重，以后直到 23 周龄每周第一天早上空腹称重，计算公、母鸭群平均体重，与标准体重比较，确定本周的喂料量。如差额在标准体重±2% 范围内，则该周按标准喂料量饲喂；如超过标准体重，则保持该周喂料量；如低于标准体重，则增加 5～10 g/(d・只)，直到达到体重标准。

2. 限饲方法

限饲方法可采用每日限饲法和隔日限饲法，其中隔日限饲的效果更佳。在喂料日的早上，一次性快速投喂饲料。准确统计和称量每天喂料量，做到准、快、匀，尽量保证鸭只采食均匀，饲料营养要全面。所喂饲料应在 4～6 h 内吃完。在限饲前，要先整群，将弱小个体选出。

(四)管理

1. 光照控制

光照原则是光照时间宜短，不宜长；光照强度宜弱，不宜强，防止过早性成熟。在 5～20 周龄时，每天的光照时间应保持在 9～10 h 或采用自然光照，光照强度为 5～10 lx。

2. 加强运动

在育成期，每天赶鸭在舍内或舍外运动场做转圈运动 2～3 次，每次赶 2～3 圈(图 5-3-12)，有水池的鸭舍也可赶鸭下水洗浴，每天 3 次，以促进生长发育和羽毛生长(图 5-3-13)。不定期关灯，适当惊吓。在育成期，鸭可以形成条件反射，以减少产蛋期的应激。

图 5-3-12　舍内转圈运动

图 5-3-13　赶鸭下水洗浴

三、产蛋期的饲养管理

(一)饲养方式

与育成期相同，可不转群。

(二)饲喂

正常鸭群在 26 周龄时开产，产蛋率达 5%。从 24 周龄起改喂种鸭产蛋期全价配合饲料，自由采食。每天采食量达 250～300 g 或按不同品种饲养手册的建议喂料量进行饲喂。每天喂料 2 次，上、下午各喂 1 次，保证吃饱。

(三)管理

1. 放置产蛋箱

在 22 周龄，不迟于 24 周龄时，在鸭舍四周设产蛋槽或放入产蛋箱，每 4 只母鸭备 1 个产蛋箱。在产蛋箱底部铺上干燥柔软的垫草，位置不可随意更换。

2. 饲养密度

饲养密度为 2～3 只/m^2。

3. 光照

在 21 周龄时，开始逐渐增加光照时间，直到 26 周龄时达到 17 h 的光照。光照强度不低于 10 lx。在早上、晚上补充人工光照，直到 26 周龄时每天的 4:00～21:00 接受光照。

夜晚要通宵弱光照明，以利于鸭子夜间产蛋和防止应激。在产蛋期间，应保证稳定的光照，不可随意更改光照程序，否则将会影响鸭群的产蛋效果。

4. 公、母比例

肉用种鸭公、母比例应以 1∶(5～6)为宜。在产蛋后期，配种性能差的公鸭应淘汰，更换青年公鸭，以提高种蛋受精率。

5. 运动和下水

在每天放鸭出栏前，在舍内轻赶鸭群做舍内转圈运动。每天上、下午赶鸭下水，洗浴 1 次(图 5-3-14)。舍外运动场每天清扫 1 次。水池每天清洗和换水 1 次。舍外运动场地面要平坦，以防伤到鸭子，造成跛鸭。

图 5-3-14　下水洗浴

6. 收集种蛋

鸭在凌晨 3:00～4:00 产蛋，每天早晨应尽早收集种蛋，尤其是产蛋箱外的蛋要及时拣起。收集的种蛋尽快消毒，并转入蛋库贮存。

【职业技能测试】

一、填空题

1. 肉种鸭饲养阶段分为：________、________、________。

2. 肉用种鸭育成期和产蛋期饲养方式多采用________，有固定的________和________或________。

3. 人工水池的深度为________。

4. 育成期和产蛋期鸭的运动在舍内或舍外运动场做________，有水池的也可________。

5. 肉用种鸭育成期要限制饲养，一般采用________和________方法。

6. 肉用种鸭在育成期 5～20 周龄时每天的光照时间应保持在______ h 或采用______。产蛋期从______周龄开始逐渐增加光照时间，直到______周龄时达到______ h 的光照。光照强度不低于________ lx。

7. 肉用种鸭公、母比例应以________为宜。

二、问答题

1. 肉用种鸭如何进行限制饲养？

2. 产蛋期种鸭如何进行饲养管理？

项目六

鹅生产

【知识目标】

了解鹅的生活习性和产蛋规律；

掌握雏鹅、中鹅饲养管理技术及肉鹅育肥方法；

掌握种鹅不同阶段饲养管理技术要点；

掌握鹅肥肝生产各环节技术要点。

【能力目标】

能正确进行肉鹅及种鹅的饲养管理。

任务一　鹅品种的选择

【学习目标】

选择一个适合的鹅品种，应先能够识别鹅的外貌特征，掌握不同品种鹅的特征、生产性能、营养需求、饲养环境等综合信息确定饲养的品种，为后续鹅的生产提供必要信息。

【必备知识】

鹅的外貌识别

鹅的部位及名称如图6-1-1所示。

一、头部

起源于鸿雁的鹅品种（如中国鹅）在前额部位有肉瘤，母鹅较小，公鹅较大。起源于灰雁的鹅品种（如欧洲鹅）没有肉瘤。喙形扁而宽，喙前端略弯曲。鹅的肉瘤与喙颜色一般是相同的。其颜色主要呈橘红色、橘黄色和黑色。有的品种颌下长有咽袋。

二、颈部

中国鹅颈细长，微弯呈弓形。欧洲鹅多数颈直，较短粗。

三、体躯

中国鹅前躯提起，腹部下垂。欧洲鹅前躯与地面平行，后躯不发达。有些鹅腹部皮肤有较大的皱褶，形成肉袋，俗称蛋袋。母鹅在产蛋时的蛋袋较大。

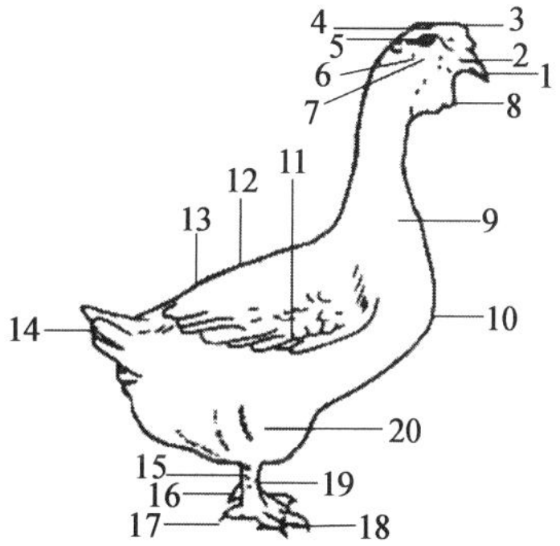

1.喙；2.鼻孔；3.肉瘤；4.头；5.眼；6.耳叶；7.脸；8.咽袋；9.颈；10.胸；11.翅；12.背；13.腰；14.尾羽；15.腹；16.趾；17.爪；18.蹼；19.跖；20.胫。

图6-1-1　鹅的部位及名称

四、翅

鹅翅羽较长，常重叠交叉于背上。鹅的翼羽上无镜羽。

五、腿部

鹅腿部较粗，跖骨较短。脚的颜色呈橘红色和灰黑色。白羽鹅的脚色与喙色相同。有的灰羽鹅的脚色与喙色相同，有的灰羽鹅的脚色与喙色不同。

六、尾部

尾短，尾羽无性羽。

【实践案例】

假如你准备从事鹅的饲养，将如何确定适宜本地饲养的品种？

【实施过程】

鹅的品种只有肉用型。在生产中，按成年体重进行分类，可分为大型鹅（成年公鹅体重为 9 kg 以上，母鹅为 8 kg 以上）、中型鹅（成年公鹅体重为 5～7.5 kg 及以上，母鹅为 4.5～7 kg 及以上）、小型鹅（成年公鹅体重为 5 kg 以下，母鹅为 4.5 kg 以下）。

一、狮头鹅

（一）原产地

广东省。国内唯一的大型鹅种。

（二）外貌特征

头部前额肉瘤发达，两颊有对称的黑色肉瘤，颌下咽袋发达，一直延伸到颈部。喙短，黑色。胫粗蹼宽为橙红色，有黑斑，皮肤米色或乳白色。全身背面羽毛、前胸羽毛及翼羽为棕褐色，由头顶至颈部的背面形成如鬃状的深褐色羽毛带，全身腹部的羽毛白色或灰色（图 6-1-2）。

（三）生产性能

成年公鹅体重为 10～12 kg，母鹅体重为 9～10 kg。母鹅在 180～240 日龄时开产，年产蛋 25～35 枚，平均蛋重为 200 g。70～90 日龄上市的未经肥育的仔鹅体重为 5.5～6 kg。

图 6-1-2　狮头鹅（公、母）

二、中型鹅种

（一）皖西白鹅

1. 原产地

安徽。

2. 外貌特征

全身羽毛白色，前额有发达的肉瘤。喙和肉瘤呈橘黄色，胫、蹼呈橘红色。母鹅一般体躯稍圆，颈较细；公鹅肉瘤大而突出，颈粗长有力，呈弓形，体躯略长，胸部丰满（图 6-1-3）。

3. 生产性能

成年公鹅体重为 6.5 kg，母鹅体重为 6.0 kg。母鹅在 180 日龄时开产，年产蛋 25 枚左右，平均蛋重为 142 g，蛋壳呈白色。产绒性能好，羽绒洁白，尤以绒毛的绒朵大而著名，是我国产绒性能最好的品种。每只鹅平均可产羽绒 349 g，其中纯绒 40～50 g。

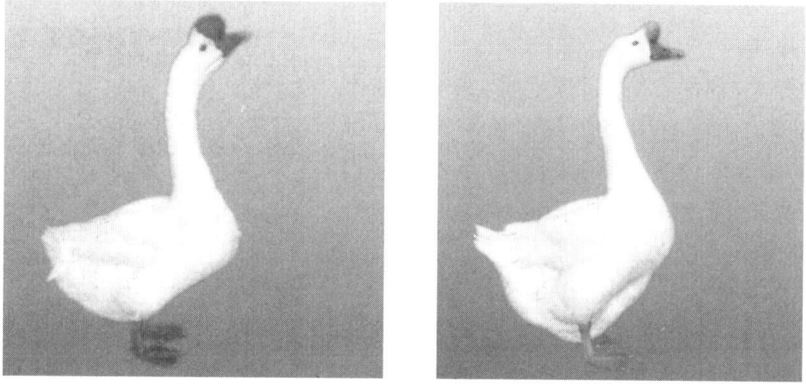

图 6-1-3　皖西白鹅(公、母)

(二)四川白鹅

1. 原产地

四川。

2. 外貌特征

全身羽毛白色，喙、胫、蹼呈橘红色，虹彩呈蓝灰色。公鹅体形稍大，头颈较粗，额部有半圆形的橘红色肉瘤；母鹅头清秀，颈细长，肉瘤不明显(图 6-1-4)。

3. 生产性能

成年公鹅体重为 5.0～5.5 kg，母鹅体重为 4.5～4.9 kg。60 日龄体重为 2.5 kg，90 日龄体重为 3.5 kg。母鹅在 180～240 日龄时开产，年产蛋 60～80 枚，平均蛋重为 146 g，蛋壳为白色。四川白鹅是我国唯一无就巢性、产蛋量高的中型鹅种，常作杂交用母本。

图 6-1-4　四川白鹅(公、母)

(三)朗德鹅

1.原产地

法国。

2.外貌特征

体形中等大,胸深背宽,腹部下垂,头部肉瘤不明显,喙尖而短,颌下有咽袋。灰褐色羽,颈、背都接近黑色,胸部毛色较浅,呈银灰色,腹下部则呈白色。喙呈橘黄色,胫、蹼呈肉色(图 6-1-5)。

图 6-1-5 朗德鹅(母)

3.生产性能

成年公鹅体重为 7~8 kg,成年母鹅体重为 6~7 kg。8 周龄仔鹅活重可达 4.5 kg 左右。母鹅在 6 月龄左右时开产,年产蛋 35~40 枚,平均蛋重为 180~200 g。朗德鹅是世界著名的肥肝专用品种,经填饲后,它的肥肝平均重为 700~800 g。

三、小型鹅种

(一)豁眼鹅

1.原产地

豁眼鹅分布于辽宁昌图、山东莱阳、吉林通化及黑龙江省的延寿县等地区。

2.外貌特征

体形轻小紧凑,全身羽毛洁白,眼呈三角形。在两眼的上眼睑处均有明显的豁口,这是该品种独有的特征。

3.生产性能

成年公鹅平均体重为 4.0~4.5 kg,母鹅体重为 3.50~4.0 kg。豁眼鹅以优良的产蛋性能著称于世。母鹅在 7 月龄时开产,年产蛋 120~180 枚,蛋重为 120~140 g。90 日龄仔鹅体重为 3~4 kg。

(二)太湖鹅

1.原产地

江、浙两省沿太湖地区。

2.外貌特征

体形较小,全身羽毛洁白,体态结构细致紧凑。全身羽毛紧贴,肉瘤明显且圆而光滑,呈姜黄色。颌下咽袋不明显,腹部无皱褶。

3.生产性能

成年公鹅体重为 4.0~4.5 kg,母鹅体重为 3.0~3.5 kg。母鹅在 160 日龄时即可开产。年产蛋 60~90 枚,平均蛋重为 135 g,70 日龄上市的体重为 2.25~2.5 kg。

【职业技能测试】

一、选择题

1. 按经济用途分，朗德鹅属于__________，狮头鹅属于__________。

A. 肉用型　　B. 蛋用型　　C. 兼用型

2. __________是世界著名的鹅肥肝专用鹅种。

A. 狮头鹅　　B. 朗德鹅　　C. 皖西白鹅

3. __________ 是我国产绒性能最好的鹅。

A. 狮头鹅　　B. 朗德鹅　　C. 皖西白鹅

4. __________ 是我国体形最大的鹅种。

A. 狮头鹅　　B. 朗德鹅　　C. 皖西白鹅

二、判断题

(　)1. 狮头鹅是我国的大型鹅种，原产地为广西。

(　)2. 朗德鹅是原产于我国的目前最好的肥肝生产用鹅。

任务二　肉用仔鹅的饲养管理

【学习目标】

要取得肉用仔鹅的良好生产成绩，需要先了解肉用仔鹅的生活习性、生产特点、饲养方式，掌握肉鹅饲养技术及育肥技术。通过采用科学合理的肉鹅饲养管理技术，全面提高肉用仔鹅的出栏质量。

【必备知识】

一、鹅的生活习性

鹅与鸭均属水禽。鹅有许多特性与鸭相同，如喜水性、合群性、反应灵敏性、生活规律性、耐寒性等。但是鹅还有一些独特的生物学特性。

(一)食草性

鹅的体形大，喙扁而长，边缘呈锯齿状，能截断青饲料；肌胃、盲肠发达，能够大量消化青粗饲料中的粗纤维，因此养鹅可以降低饲养成本。

(二)警觉性强

鹅的听觉很灵敏，警觉性很强。当遇到陌生人或其他动物时，鹅就会高声鸣叫。常防卫性地追逐陌生人，帮助农户看家护院。

(三)择偶性强

鹅有固定配偶交配的习惯。公鹅经常与认准的母鹅交配，而与群体中的其他鹅则很少交配。

(四)就巢性强

鹅的就巢性强，每年产蛋 3～5 窝。每产一窝即停产抱窝，故鹅的产蛋量低。

(五)繁殖季节性强

我国南方地区种鹅繁殖期为10月至翌年5月,北方地区多在2—7月。在夏季,大多数鹅处于休产期。种鹅的繁殖季节性导致种鹅的利用率低,饲养成本高,饲养效益低。目前正在研究的鹅反季节繁殖技术就是通过改变种鹅的繁殖季节,实现鹅的全年生产。

二、肉用仔鹅的生产特点

肉用仔鹅是指饲养至60～90日龄出售的商品肉鹅。

(一)生产季节性

种鹅繁殖的季节性决定了肉用仔鹅生产的季节性。鹅的主要繁殖季节在冬季和春季,因此肉用仔鹅的生产季节主要在上半年。

(二)投资少,产出高

鹅可以大量利用青绿饲料,是草食性家禽。它采用以放牧为主的饲养方式,生产成本较低。鹅的产品市场价格高,如鹅肉、鹅羽绒、鹅肥肝等。

(三)生产周期短,饲料转化率高

肉鹅一般饲养60～90 d即可上市。小型鹅的体重为2.3～2.5 kg,中型鹅的体重为3.0～3.8 kg,大型鹅种的体重为5.5～6.0 kg。当青饲料充足时,放牧及补饲,精料与活重比(1～1.7)∶1。舍饲以精料为主,适当补喂青饲料,精料与活重比为(2～2.5)∶1。

(四)产品安全性高

仔鹅以放牧饲养为主。放牧地为草地、草坡、林地、滩涂等一般没有农药化肥污染的地方。鹅的适应性和抗病力强,发病率低。在常用饲料中,无须添加任何药物。鹅肉低脂肪、低胆固醇、高蛋白,符合消费者对健康生活的需求。

三、肉用仔鹅的饲养阶段

育雏期为0～4周龄,生长期为5周龄到上市。

四、雏鹅的生理特点

(一)体温调节能力差

初生雏鹅个体小,绒毛稀少,尤其保温能力差,怕冷、怕热、怕潮湿,因此在育雏时应做好人工保温。

(二)消化能力弱

雏鹅消化道的容积较小,消化能力差。食物通过消化道的速度快,因此在饲喂时要少喂多餐,喂给易消化的饲料。

(三)新陈代谢旺盛,生长发育快

一般雏鹅在20日龄时的体重就可达初生重的10倍左右。在育雏时应及时给雏鹅饮水、喂食和喂青,为其供给较高营养水平的日粮。

(四)易扎堆

当温度稍低时,20 日龄的雏鹅易发生因扎堆而导致的挤压和伤亡。在育雏时,应精心管理,掌握好育雏温度和适宜的饲养密度。

五、中鹅的生理特点

中鹅俗称仔鹅是指自 30 日龄起到选入种用或转入育肥时为止的鹅,一般指 5～10 周龄的鹅。中鹅的生理特点是消化器官已发育完善,消化力、觅食力、抗病力大大增强。此阶段的鹅耐粗饲,增重快,适应性强,是肌肉、骨骼和羽毛生长最快的时期。

【实践案例】

假如你想养一批肉用仔鹅,请制定一份肉鹅饲养管理方案。

【实施方式】

一、饲养方式

肉用仔鹅多采用舍饲和放牧饲养(图 6-2-1)。其中,舍饲多采用地面平养和网上平养。目前我国肉用仔鹅的饲养方式以放牧与舍饲结合为主(图 6-2-2)。

图 6-2-1　放牧饲养

图 6-2-2　放牧与舍饲结合

二、雏鹅的饲养管理

(一)饲养方式

多采用地面垫料平养(图 6-2-3)和网上平养(图 6-2-4)。

(二)雏鹅的饲养

1. 开饮

雏鹅出壳后 12～24 h 先饮水。将雏鹅放入清洁的浅水中,水深以不淹过雏鹅胫部、绒毛不湿为原则,让雏鹅自由活动和饮水。水中可加入 0.02%的高锰酸钾,长途运输还可加入

5%的葡萄糖,以增强雏鹅体质。

图 6-2-3 地面垫料平养

图 6-2-4 网上平养

2. 开食

开食在开饮后 15～20 min 即可进行,最好用全价配合饲料开食,也可用半熟的大米、碎米或碎玉米作为开食料。将料均匀撒在浅盘上或塑料布上,撒料时避免将料撒在小鹅身上,以免诱发啄癖。粉料应拌湿喂,有利于采食。在 5 日龄后,改用料桶;在 20 日龄后,也可改用料槽。

3. 开青

鹅第一次吃青饲料,被称为开青。开青可以从 2～3 日龄开始,开青饲料最好是新鲜幼嫩的青菜叶或嫩草,如莴苣叶、苦荬菜、苜蓿草。青料应先清洗干净,后沥干。最初几天喂的青饲料要切碎,与精料一起喂,以后应与精料分开喂。既可以单独用盆或撒到塑料布上喂给,又可以在雏鹅户外运动时将青料撒在运动场,任其采食。

4. 合理饲喂

采用营养全面的配合饲料与优质青饲料混合饲喂。在日粮中,精料一般占 30%～40%,青料占 60%～70%。每天喂 4～6 次,白天 4 次,晚上 2 次。夜间喂料可促进生长发育,增重较快。雏鹅日饲料消耗量见表 6-2-1。在喂料时,要注意供给充足饮水。雏鹅在 3 日龄后适当补充沙砾,以帮助消化。雏鹅饲养要掌握几个要点:①先精后青,定时饲喂。②少喂勤添,饮水不断,清洁卫生。③由熟到生、由软至硬,逐渐过渡,以确保雏鹅生长良好。

表 6-2-1 100 只雏鹅的日饲料消耗量

周龄	1	2	3	4
精料/kg	2～4	9～11	12～14	15～17
青料/kg	4～6	15～17	19～21	24～26

(三)雏鹅的管理

1. 保温和防压

雏鹅在第一周育雏的温度要求达 30～27 ℃,以后逐渐降低(表 6-2-2)。根据气温情况把握好脱温时间,一般在 20～30 日龄时,雏鹅就可以逐渐脱温。

表 6-2-2 雏鹅的育雏温度

周龄	1	2	3	4
温度/℃	30～27	26～25	24～22	21～18

观察雏鸭的行为活动，以掌握育雏温度是否合适。当发现温度过高或过低的行为活动时，就应立即调整温度。在夜间，尤其是凌晨 2:00～3:00。当气温较低时，就应注意适时加温，以免受冷打堆。还要经常驱散因寒冷而拥挤、聚堆的雏鹅，防止雏鹅因被踩踏而导致的窒息和死亡(图 6-2-5)。

图 6-2-5 保温灯保温、分群饲养

2. 防潮湿

育雏鹅舍适宜的相对湿度为 60%～70%。在地面垫料育雏时，应做好垫料的管理，防止垫料潮湿、发霉。在育雏时，应注意室内的通风换气。

3. 饲养密度及分群

在夜间和气温低时，雏鹅喜欢扎堆。这就易造成压伤、压死。雏鹅要进行分群饲养，一般以 50～100 只为一群。同时雏鹅饲养密度要随日龄的增长而降低，防止挤堆。在采用网上平养时，饲养密度为 20～30 只/m^2。在育雏舍内离地 30 cm 以上搭建网床，在网床上分格。每个小格区以 1 m^2 为宜，每小格区以饲养 20～30 只为一小群。地面平养密度详见表 6-2-3。

表 6-2-3 雏鹅的地面平养饲养密度

日龄	1～10	11～20	20 以上
饲养密度/(只/m^2)	20～25	10～15	5～10

4. 放水、放牧

适时放水、放牧可促进雏鹅新陈代谢，增强体质，提高适应性和抗病性(图 6-2-6)。当天气晴暖时，1 周龄以后的雏鹅即可训练放水、放牧；在冬季时，在 10～20 日龄开始训练放水、放牧。

图 6-2-6 雏鹅放牧

开始放牧时间不超过 0.5 h，分上、下午进行。先放牧后放水，下水时先下浅水、水流缓慢的水面放 30 min 左右。随日龄增长逐渐延长放牧放水时间。阴雨天、大风天、日光暴晒不宜放牧。

雏鹅的放牧地应选择青草幼嫩、水源较近的地方。随着雏鹅采食青绿饲料能力的增强，放牧前可逐渐减少喂料量，雏鹅逐渐适应以放牧为主的饲养方式，为过渡到中鹅的饲养管理打好基础。

5. 卫生防疫

加强鹅舍卫生清洁和环境消毒。保持饲料新鲜卫生、饮水清洁。经常打扫、清除粪便，勤换勤晒垫料，保持垫料、地面干燥。经常清洗与消毒用具，定期消毒鹅舍内外环境。按时进行雏鹅的免疫接种和做好疾病预防。

三、中鹅的饲养管理

图 6-2-7 中鹅放牧

加强放牧和加大运动量是成功培育中鹅的必要条件。

(一)饲养方式

可采用放牧、舍饲、放牧与舍饲结合的饲养方式。放牧与舍饲结合是我国目前最适合的饲养模式(图 6-2-7)。大规模、集约化饲养宜采用舍饲。

(二)放牧

1. 放牧地的选择

放牧地应选择有丰富的牧草、草质优良,并靠近水源的地方。例如,荒山草坡、林地、果园、田埂、沟渠、池塘、滩涂、收割后的稻田等都是良好的放牧场地。一般 300 只规模的鹅群需要自然草地 100 亩左右或人工草地 50 亩左右,农区耕地或周边野草和杂草等,每亩饲养 1～2 只鹅。

2. 鹅群的调教

每群以 300～500 只为宜。在放牧初期,应根据鹅的行为习性,调教鹅的出牧、归牧、下水、休息等行为,固定相应的信号能使鹅群建立条件反射。养成良好的生活规律有利于放牧管理。在鹅群较大时,应培养和调教"头鹅"。利用"头鹅"可收到更好的放牧效果。

3. 放牧方法

鹅群放牧的总原则是早出晚归。在放牧初期,每天上、下午各放牧 1 次,中午赶回圈舍休息。随着仔鹅日龄的增长,可全天放牧,中午不赶回鹅舍,可在阴凉处就地休息。

鹅群在放牧时有一定的规律,表现为采食—饮水—休息—采食的规律。一般鹅在采食八成饱时,即蹲下休息。此时应及时将鹅赶到清洁水源处饮水和戏水,然后上岸休息和梳理羽毛。经过 1 h 左右的修整,鹅群又采食积极。在放牧时,有节奏的放牧,可以保证鹅群吃得饱,长得快。

4. 补饲

放牧能吃饱,可不补料,否则应补料。补料时间一般在傍晚收牧后。小型鹅每天每只补 100～150 g,中、大型鹅每天每只补 150～250 g。在 50 日龄以下,每天喂 3～4 次;在 50 日龄以后,每天喂 1～2 次。

(三)舍饲

舍饲的中鹅要喂给营养全价的混合料,还要加喂青绿饲料。一般每天每只鹅青绿饲料 0.5～1 kg,精料 0.2 kg。在 5～6 周龄时,每天喂 4 次,在 7 周龄以上时,则每天喂 3 次。在运动场的一边建立人工水池,供鹅每天下水游泳,以利于生长发育。水要经常更换以保持清洁。

四、肉用仔鹅的育肥

肉用仔鹅在上市前 2～3 周都要加强饲养。饲喂高能、高蛋白配合饲料,以达到快速育肥和增重的目的。肉仔鹅育肥方法有放牧育肥、舍饲育肥和填饲育肥 3 种方法。

1. 放牧育肥

在草源丰富、放牧条件好的地区，可采用放牧加补饲育肥。稻田地区利用稻田、麦田收获后遗落的谷粒进行放牧。补饲要采用全价配合饲料，具体方法与中鹅放牧相同。

2. 舍饲育肥

舍饲育肥适合于放牧条件较差的地方和季节以及集约化饲养(图 6-2-8)。仔鹅在 60～70 日龄时全舍饲，每平方米饲养 5～6 只，舍内分栏，每栏以 20～50 只为宜。

图 6-2-8　舍饲育肥

全部人工喂料。饲料以青绿饲料为主(占 70%～80%)，精饲料(配合饲料)为辅(占 20%～30%)。前期先喂青料，再喂精料，后期减少青料量，先精后青，以促进仔鹅增膘。采用自由采食，每天喂料 3～4 次，夜间补饲 1 次，饮水要常备，任其自由饮水。

3. 填饲育肥

填饲育肥又称强制育肥，可分为人工填饲和机器填饲。其操作同鸭的填饲育肥。仔鹅经过 2～3 周的人工强制填饲高能量的配合饲料，以达到促进育肥，最快增重目的。在开始 3 d 内不能填得太饱，每天填 3 次，以后要填饱，每天填 5 次，应供应充足饮水。每天傍晚放水 1 次，时间约为 30 min，以促进消化。每天清理鹅舍 1 次，垫料要勤换、勤晒，以保持鹅的干燥卫生。

【职业技能测试】

一、填空题

1. 鹅的生活有________、________、________、________、________、________等。

2. 肉用仔鹅是指__________周龄的商品肉鹅。其饲养阶段分为 2 段，即______周龄为育雏期，__________周龄为肥育期。

3. 雏鹅的饲养方式有______________、______________。

4. 中鹅的饲养方式有______________、______________、______________。

5. 肉用仔鹅的育肥方式有__________、__________、__________3 种。__________适合于放牧条件较差的地方和季节、集约化饲养。

6. 鹅的繁殖季节性强，南方一般在__________，北方一般在______________。夏季则大多数鹅处于______________。

7. 在雏鹅日粮中，一般精料占____________，青料占____________。

8. 雏鹅育雏在第一周的温度以__________℃为宜。

9. 雏鹅喜欢扎堆，尤其在__________和__________时，易造成压伤压死。

10. 当气温适宜时，雏鹅在__________可开始放牧、放水。

11. 我国南方地区种鹅繁殖期为______________，商品鹅苗的生产集中在__________。

二、问答题

1. 如何提高雏鹅育雏的成活率？

2. 肉用仔鹅如何育肥？

任务三　种鹅的饲养管理

【学习目标】

种鹅的饲养管理的目标是获得高合格率和高受精率的种蛋。首先，要了解后备种鹅、产蛋种鹅的生理特点，掌握鹅的产蛋规律；其次，根据后备种鹅和产蛋期种鹅各期饲养管理技术要点，进行科学合理管理，以达到种鹅的饲养目的。

【必备知识】

一、种鹅饲养阶段的划分

种鹅的饲养期被分为雏鹅（0～4 周龄）、中鹅（4～10 周龄）、后备种鹅（10 周龄至开产前）、产蛋种鹅（开产后至淘汰）。

二、产蛋期种鹅的特点和产蛋规律

（一）特点

种鹅的行动迟缓。在放牧时，应选择地面平坦的草地，不宜强赶或急赶。鹅的自然交配在水中进行。种鹅应每天定时、有规律地下水 3～4 次，以保证种蛋的受精率。由于母鹅有择窝产蛋的习性，所以应让母鹅在固定的地方产蛋。有就巢行为的母鹅在就巢时应及时被隔离，并采取措施促使其醒抱。

（二）产蛋规律

①性成熟晚，产蛋量低。母鹅在 6～8 月龄开产，第三年的产蛋量最高。小型鹅产蛋量为 100～120 枚，大型鹅产蛋量为 35～50 枚。

②就巢性强、择偶性强。年产蛋 3～5 窝，每产 10～15 枚即就巢孵化。

③繁殖季节性强。通常南方在每年 9 月至翌年 5 月为产蛋期，6—8 月为休产期。产蛋期为 8～9 个月，休产期为 3～4 个月。

④母鹅产蛋时间多集中在凌晨 2:00 至上午 8:00。

【实践案例】

种鹅的饲养期长，采食量大，年产蛋量较少。在饲养管理过程中，如何提高产蛋量和种蛋的受精率，请你制定一份产蛋种鹅的饲养管理方案。

【实施过程】

种鹅的雏鹅和中鹅的饲养管理与肉鹅的雏鹅和中鹅的饲养管理相同，具体参照肉鹅的饲养管理。

一、后备种鹅的饲养管理

后备种鹅是指中鹅阶段以后到产蛋之前准备种用的鹅群。

(一)后备种鹅的选留

在饲养结束后,中鹅在70～80日龄进行。选择符合品种外貌特征、体重达标、体质健壮的个体作为后备种鹅。由于公鹅性成熟比母鹅早,因此选留公鹅的时间可迟2个月左右。

(二)后备种鹅的饲养划分

后备种鹅的饲养一般被分为3个阶段。

1.第一阶段(70～100日龄)

继续保持中鹅阶段的粗放饲养,采用以放牧为主的饲养方式,还补喂一些精饲料,以进一步促进其生长发育,并完成第1次换羽。如果采用舍饲,喂料就要定时、定量,每天喂2～3次。

2.第二阶段(100～150日龄)

这个阶段是鹅群生长最快的时期,采食旺盛,易肥。饲养管理的重点是限制饲养和公母分群饲养。

①要限制饲养,以放牧饲养为主,多喂青饲料,尽量延长放牧时间,逐渐减少补饲量。当放牧地草质良好时,可不补饲或少补饲精料。舍饲则要以粗饲料为主,每天喂3次,定时、不定量。

②要公、母分群饲养,防止早熟和早配,影响全群的安定(图6-3-1)。

图6-3-1 公母分栏饲养

3.第三阶段(150日龄至开产前)

这一时期是鹅开产前时期。饲养管理的重点是加强饲养和疫苗接种,为产蛋做好准备。

①由粗放饲养改为精细饲养,逐渐增加精料量,每天喂精料2～3次,让其自由采食,逐渐减少放牧时间,鹅恢复体力,以促进生殖器官的发育。

②在产蛋前完成禽流感、小鹅瘟、禽霍乱等疫病的免疫工作,禁止在产蛋期接种疫苗,防止引起应激反应,影响产蛋。

二、产蛋种鹅的饲养管理

种鹅的饲养期长,采食量大,年产蛋量较少。在饲养管理过程中,提高产蛋量和种蛋的受精率是养好种鹅的关键。一般种鹅的饲养管理分为产蛋前期、产蛋期和休产期3个阶段。

(一)产蛋前期的饲养管理

1.种鹅的挑选与定群

(1)种鹅的挑选　于150～180日龄开产前进行选择。应选择符合品种外貌特征、生长发育良好、健康无畸形的鹅留种。公鹅要求体形大,体质健壮、胸宽背长、腿粗壮有力、阴茎发育正常、精液品质优良的公鹅。母鹅要求体重中等,后躯宽广丰满,两腿结实,间距宽。

(2)定群 转入种鹅舍,按适宜公、母比例组建配种群,小型鹅种公、母比例为1∶(6～7),中型鹅种为1∶(4～5),大型鹅种为1∶(3～4),配种群以50～200只为宜,分栏饲养。

2. 饲养管理

①舍饲的种鹅要有足够的运动场,还应设置洗浴池。

②按产蛋期的营养配制饲料,自由采食不限饲,以使鹅群的体质迅速恢复,提高体重,为产蛋储备营养。每只鹅每天的喂料量为250～300 g,每天喂2～3次,有条件的种鹅舍可以为种鹅补喂青饲料。饮水要清洁充足。种公鹅的精料补饲应提前两周进行。

③鹅有固定地点产蛋的习惯。为便于收集种蛋,减少脏蛋、破蛋,提前在舍内墙壁周围设产蛋窝(箱),并铺设垫草(图6-3-2)。产蛋箱规格为60 cm×40 cm×50 cm。

图6-3-2 产蛋窝

(二)产蛋期的饲养管理

1. 以舍饲为主,放牧为辅

一般采用全舍饲,饲养密度不超过2只/m^2。有条件鹅舍适当放牧。放牧地要选择就近和平坦的地方。产蛋期的母鹅行动迟缓,应缓慢驱赶,不能急赶猛哄,防止跌伤,影响产蛋。产蛋母鹅在上午9:00前不宜放牧,应在舍内补饲,待产蛋结束后,再放牧。在放牧前,检查鹅群,观察产蛋情况。有蛋的母鹅应留在舍内产蛋,减少窝外蛋。

2. 满足营养需要,保证水料充足

增加精料喂料量,每天每只喂200～350 g,每天喂2～3次(图6-3-3)。同时保证喂给青饲料。青料不定量,任其自由采食(图6-3-4)。

图6-3-3 喂精料

图6-3-4 喂青料

3. 补充光照

产蛋鹅每天适宜光照时间为13～14 h,光照强度为2～3 W/m^2(每20 m^2挂一个40～60 W灯泡),如光照不足,每天就需要补充人工光照。不同品种在不同的繁殖季节所需的光照不同。

光照由长变短有利于南方鹅(如狮头鹅)的繁殖,光照由短变长有利于北方鹅(如豁眼鹅)的繁殖。光照制度应因地区和品种而定。一旦发现就巢,鹅就要采取隔离、关在光线充足、通风凉爽处、只给料不给水等措施,经 2～3 d 后可促其醒巢。

4. 注意控制环境温度

母鹅产蛋的适宜温度为 8～25 ℃,在产蛋期要注意温度管理。鹅耐寒不耐热,对高温反应敏感,会因夏季高温而停产。在炎热季节,就要采取种树遮阴、搭遮阳网、加强通风等措施来防暑降温。在冬季和春季,产蛋鹅要保温,可采取地面垫草、扣塑料大棚等方法。

5. 下水洗浴

鹅喜欢在水中嬉戏交配,有条件的舍饲应放水。每天的早晨和傍晚是种鹅交配高峰期。早晨和傍晚多放水,以利于提高种蛋的受精率。

6. 保持舍内卫生清洁

每天应清理舍内的粪便,勤换产蛋箱(窝)的垫草,以保证鹅体和种蛋清洁。

7. 防止应激

产蛋期要避免噪声,急赶放牧,粗暴操作,随意捕捉,不定时喂饲及突然变更饲料配方等。

8. 择偶性的处理

在没有出现择偶现象前,公、母鹅提前组群,让公、母鹅及早熟悉。如果发现某一公鹅仅与一只母鹅固定交配,就应马上将其隔离饲养。

(三)休产期的饲养管理

当进入休产期时,应对种鹅群进行分类,确定出淘汰群体。将淘汰群体单独组群,停止放牧,圈舍饲养,加大精料喂量。经 3～5 周的催肥,鹅翼下脂肪增厚,用手轻压感到丰满结实且有弹性,即可上市出售。

1. 种鹅群的更新

(1)分批更换法　种鹅的利用年限为 5 年左右。为充分利用其繁殖潜力,种鹅群最好要分批更新。用这种方法更新种鹅群,鹅群的龄期结构比例:1 岁鹅 30%、2 岁鹅 25%、3 岁鹅 20%、4 岁鹅 15%、5 岁鹅 10%。此法能使种鹅群保持持久旺盛的生产力和生命力。但是新老鹅混合组群要做好鹅群的协调,同时按比例更换种公鹅,做到公、母鹅龄期平稳,比例适当。

(2)全群更换法　即将原来饲养的种鹅全部淘汰,而全部选用新种鹅来代替。种母鹅在 3 岁的产蛋率为其高峰期,种公鹅在 2～4 岁的配种力最为旺盛。这个阶段的种蛋受精率为最高,孵化的雏鹅的生命力为最强,因此种鹅的更新应在饲养 4～5 年后进行。

2. 强制换羽

由于休产期正值种鹅换羽期,饲养管理的重点就由精细饲养改为粗放饲养,饲料由精到粗,转入以放牧为主的粗饲期,以促进母鹅羽毛干枯,脱落容易,换羽一致。对确定选留的群体要采取强制换羽措施,以保证开产整齐(图 6-3-5)。

图 6-3-5　强制换羽

(1)整群与停料　在强制换羽前 1～2 d,进行整群,淘汰伤残鹅。停止人工光照,使用自然光照。停料 3～4 d,停料时间以体重减少 5%～10%为准。在停喂精料期间,保证充足饮水。从第 4～5 天开始喂青饲料,适当加一些育成料或糠麸等粗料,喂 7 d 左右,直至拔羽完成为止。

(2)人工拔羽　在停料 7～10 d 后,开始人工拔羽。拔羽部位为主副翼羽和主尾羽,可先试拔。如羽毛已干枯,容易拔且不带血,就可一一拔除,否则应延迟 3～5 d 拔羽。拔羽后的鹅群要圈养,停止下水,防止感染。在 5～7 d 后,才可以放牧、放水,但要防止雨淋和烈日暴晒。

(3)恢复饲养　拔羽当天恢复喂育成鹅料和青饲料。用 2～3 周逐渐增加喂料量,至常规喂料量、饲喂方法与后备种鹅相同。从停料到羽毛长齐需 45～55 d。如果羽毛生长慢,就应增加精料喂料量。当鹅翅膀新长出的大羽在背后相交时,饲料就换成产蛋种鹅料。用 2～3 周将喂料量增至饱食为宜,同时逐渐增加光照,直至产蛋鹅可以正常的饲养管理。

在整个强制换羽期,公、母鹅应分群饲养,以免公鹅骚扰母鹅和减弱公鹅的精力,待换羽完成时再合群饲养。就强制换羽时间而言,公鹅应比母鹅提前 20～30 d 进行,以保证母鹅开产后,公鹅精力充沛。经强制换羽的母鹅比自然换羽的母鹅提前 20～30 d 产蛋。

三、鹅的反季节繁殖技术

种鹅的反季节繁殖是指种鹅在自然情况下不能繁殖的季节(通常在 6—8 月),通过人工强制换羽、人工控光、人工控温等技术,种鹅能持续生产。这不仅解决了商品肉鹅生产的季节性,而且能在水草丰富的季节充分利用饲草资源,降低了生产成本,从而提高了种鹅和商品肉鹅的饲养效益。

南方鹅和北方鹅对光照的反应不同。南方地区的种鹅属于短日照品种,即光照由长变短或在绝对光照较短时进入繁殖季节。下面以南方鹅为例,介绍反季节繁殖技术。

(一)遮黑鹅舍

鹅舍两纵面装配可活动的黑布帘,阻挡阳光。鹅舍设有陆上运动场和水上运动场。饲养密度分别按每平方米 2 只和 1 只配备;每天定时将种鹅赶进遮光鹅舍,遮光过夜,供应充足的饮水,翌日的早上揭起黑布帘,把鹅放进运动场,配种、喂料。

(二)人工控光

通过延长冬季光照时间,鹅可以停产。经过 2～3 个月的休产期,再将光照缩短,使其产蛋。

1. 长光照处理

可于 12 月下旬至翌年 1 月上旬开始每天递增 1～2 h 的人工光照。光照时间由产蛋期的 13 h 增加到 18 h(晚上 12:00 到翌日早上 6:00 黑暗,光照强度要达 30～50 lx 以上(5～6 m^2 挂一个 40 W 灯泡)。在母鹅接受长光照处理 75 d,公鹅接受长光照处理 60 d 后,进入短光照处理。

2. 短光照处理

在对鹅用长光照处理约 75 d 后,将光照逐渐缩短至每天 11 h 的短光照(晚上 7:00 至翌日早上 6:00 在遮黑鹅舍内不开灯)。鹅一般于 1 个月左右开产,并在 1 个月内出现第一个产蛋高峰。短光照处理 11 h 持续到 12 月,再次将光照延长到 18 h,引导鹅进入非繁殖期,进入下一轮反季节繁殖操作。

(三)人工强制换羽

在对鹅进行长光照处理的同时,对其采用人工强制换羽。其方法与种鹅人工强换羽操作相同。在长光照处理60 d后,可进行人工拔羽,即将主副翼羽和主尾羽拔除。此时饲料应保持少量的粗饲料和青草。

(四)控制温度

鹅产蛋的适宜温度是8～25 ℃。南方鹅的停产期正处于高温季节,因此尽量注意通风、降温、防湿,以免不利因素对鹅产生的影响过大。鹅舍可多装一些风扇,搭遮阳网等。有条件的鹅舍可以使用水帘风机降温。

(五)保证营养

应用全价配合饲料饲喂种鹅。饲料中应含有合理的蛋白质、矿物质、维生素等。每天喂料3～4次,自由饮水,每天应给鹅补喂青饲料。

(六)减少应激

保证适宜的密度、良好的通风和卫生条件。尽量让鹅舒适自由。在饲养管理操作中避免应激。让鹅在强制换羽的2个月中得到充分休息,在长羽期给予良好的饲养条件,以使其尽快恢复体能,进入下一个产蛋期。

【职业技能测试】

一、填空题

1. 种鹅饲养期分为雏鹅________,中鹅________,后备种鹅________,产蛋种鹅________。

2. 后备种鹅其饲养期分____________、____________、____________3个阶段。

3. 产蛋种鹅饲养期分为____________、____________、____________3个阶段。

4. 产蛋鹅的适宜光照为________________。

5. 南方鹅是__________日照品种,光照时间由____________变____________有利于南方鹅的繁殖。

6. 鹅进行人工强制换羽时从停料到羽毛长齐约需________天时间。

7. 鹅的产蛋适宜温度为____________________。

8. 种鹅群更新最好采用__________法。鹅群的按龄期结构比例一般为1岁鹅____%、2岁鹅____%、3岁鹅____%、4岁鹅____%、5岁鹅____%。

二、问答题

1. 产蛋种鹅如何饲养管理以提高产蛋量?

2. 鹅反季节繁殖技术措施有哪些?

3. 种鹅的强制换羽如何进行?

任务四　鹅肥肝的生产

【学习目标】

为了生产质地细嫩、营养丰富、鲜嫩味美、味道独特的鹅肥肝,要了解鹅肥肝的生产特点及生产目标,掌握肥肝鹅培育期、填饲期及屠宰取肝、贮藏技术要点,才能达到鹅肥肝生产目的。

【必备知识】

鹅肥肝的分级

鹅肥肝的分级详见表 6-4-1。

表 6-4-1 鹅肥肝的分级标准

项目	特级	一级	二级	三级	级外
重量/g	600	350～600	250～350	150～250	150 以下
色泽	浅黄或粉红	浅黄或粉红	可较深	较深	暗红
血斑	无	无	允许少量		
形状与结构	良好无损伤	良好	一般		

一、重量

肥肝重量在很大程度上反映了肥肝的价值。对于同等质量的肥肝而言，肥肝越重，等级越高。

二、感官评定

感官评定主要是根据肥肝的色泽、组织结构、气味来分级。

(一)色泽

色泽均匀，浅黄色或粉红色。

(二)组织结构

肝体完整，表面光滑，无斑痕或斑点，无病变，质地有弹性，软硬度适中。

(三)气味

具有鲜肝的正常气味，无异味。

(四)化学成分

粗蛋白质为 7%～8%，粗脂肪为 40%～50%及以上。

【实践案例】

某养鹅场打算进行鹅肥肝生产，如果你是场里的技术主管，该如何制定鹅肥肝生产方案？

【实施过程】

一、肥肝鹅品种的选择

品种是影响肥肝生产水平的首要因素。一般利用体形较大、肉用性能较好的鹅品种。体形越大，肥肝重量越大。目前，法国的朗德鹅是最好的专用鹅肝品种，我国一些地方品种肥肝性能也比较好，如狮头鹅、溆浦鹅等。中国鹅的肥肝质量较好，但肥肝个体的整齐度差，因此我国鹅肥肝的生产主要使用纯种的朗德鹅。

二、肥肝鹅的饲养管理

肥肝鹅饲养期可以被划分为培育期、预饲期、填饲期。

(一)培育期

培育期是指1～10周龄。此期饲养管理可参照雏鹅和中鹅的饲养管理。

1. 雏鹅期(0～30日龄)

雏鹅期以精饲料为主,青饲料为辅,适当运动。要求喂给优质全价配合饲料,促使幼鹅生长发育良好。

2. 中鹅期(30～70日龄)

中鹅期以青饲料为主,精饲料为辅,加大运动量。有条件的鹅舍可从脱温逐渐过渡到放牧饲养,以利用天然饲料资源,充分采食大量的青绿饲料。通过加大放牧和粗饲,鹅的体质和胃肠的消化能力得到锻炼。

(二)预饲期

预饲期一般为2～3周,于90日龄左右时结束。采用预饲目的是鹅适应强制填饲的特殊饲养方式。

1. 鹅群选择和分群

选择体形成熟基本完成、体质健康、腿部强壮、大型体重达5 kg左右、小型达3 kg左右的鹅进入预饲期。

2. 舍饲与分群

原来采用放牧的鹅应逐渐减少放牧,在预饲结束前3天转为全舍饲。进入预饲期的鹅要按性别和体形进行分群。每群鹅的体重相近。每群数量不超过20只,以每平方米饲养2只鹅为宜。

3. 饲喂

采用自由采食,增加喂料次数。在精料中逐渐添加碎玉米粒,玉米的比例达到70%,同时逐渐增大玉米粒粒度,以过渡为整粒玉米。青饲料不限量,以使鹅的消化道体积逐渐膨大,便于以后填饲。

4. 环境

舍内采用弱光照明,保持安静。

(三)填饲期

一般3～5周。填饲的具体时间根据鹅的相对增重和体形变化来确定。

1. 填饲鹅选择

选择90～110日龄、体形大、胸深宽、体质健壮、大型体重达5.5 kg左右、小型体重达4 kg左右的鹅进入填饲期。

2. 全舍饲平养

平养以每平方米饲养3～4只为宜,每群不超过10只鹅。有的国外禽场也采用笼养。笼养以一笼一只为宜。在填饲时,可将填饲机推至笼前,拉出鹅的脖子即可填饲(图6-4-1)。

3. 环境

肥肝鹅填饲的最适宜温度为10～15 ℃,最好不超过25 ℃。由于鹅的消化能力差,高温

图 6-4-1　填饲期全舍饲平养

填饲容易引起鹅的消化不良等病状，甚至引起死亡。

肥肝的生产不宜在炎热的季节进行，以春季和秋季为最好。鹅舍要通风良好，清洁安静，光照不宜太强。要保证充足清洁饮水和砂砾的供给。

4. 填饲后期管理

要减少对鹅群的应激。在抓鹅时，要轻拿轻放，防止鹅只死亡。

5. 屠宰取肝时机

肥肝鹅的增重标准为 60%～80% 及以上。取肝的外形标准是体态肥硕、目光呆滞、喙部发白、行动迟缓、步履蹒跚等。

三、填饲技术

(一)填饲饲料配制

1. 填饲饲料

以玉米粒为主料，与食盐、食用油、复合维生素混合后作为填饲饲料。填饲用的玉米一般为黄色玉米。要求玉米无霉变、无杂质和水分含量少。

2. 调制方法

先将玉米粒处理好，再趁暖加入 0.5%～1.0% 的食盐、1%～2% 的食用油、0.01% 的复合维生素，充分拌匀后，即可填饲。玉米的调制方法有 3 种。

(1)水煮法　玉米在开水中煮沸 10～15 min，玉米粒达八分熟。在生产中，常用此法，效果较好。

(2)炒玉米法　将玉米炒至八分熟。在填饲前，用温水浸泡 1～1.5 h，直至玉米粒表皮展开。

(3)浸泡法　将玉米直接放入冷水中浸泡 8～12 h，然后沥干水分。

(二)填饲方法

1. 填饲操作

在生产中，多使用螺旋式电动填饲机填饲。在填饲时，先往料斗中加料，用食用油涂抹填饲管。填饲步骤及操作方法如下。

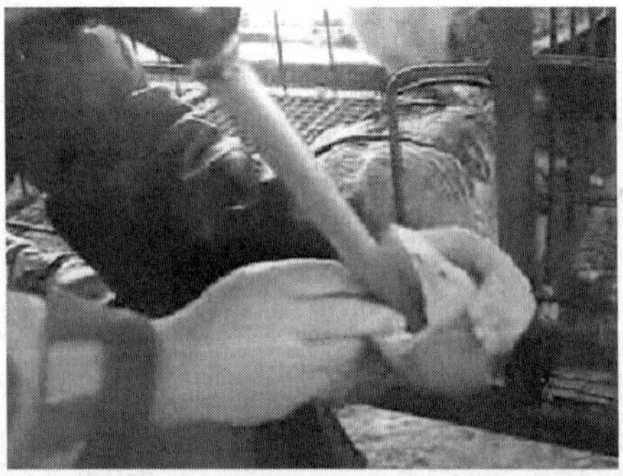

图 6-4-2　插管

(1)插管　填饲人员将鹅固定在固禽器上或用双膝夹住鹅，左手抓住鹅头部，拇指和食指打开鹅嘴，右手食指伸入口腔，压住舌根部向外拉，鹅嘴尽量张开，再把张开的鹅嘴拉向填饲管口，渐渐套入喂料管(图 6-4-2)。填饲管在通过咽部时要特别小心。如遇阻力，说明角度不对，应退出，重插。

(2)填料　当填饲管完全伸入食道后，要固定鹅的头部不让其回缩，并保持鹅的脖子成直线。通过脚踏开关，玉米粒进入食道，用手将填入的玉米粒往下捏挤，先将膨大部和下部食道填满，然后边退、边填，将玉米填至距咽喉 5 cm 处为止（图 6-4-3）。

（3）退管　在退出填饲管时，左手握住鹅颈部的上方和喉头，将填饲管退出。为防止鹅吸气时将饲料掉进咽喉，导致窒息，左手应将鹅嘴闭住，并将颈部垂直向上拉，用右手的食指和拇指将饲料向下捋 3～4 次（图 6-4-4）。

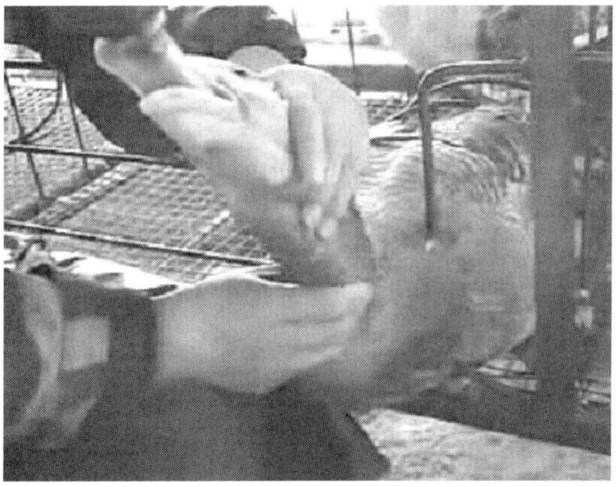
图 6-4-3　填料

图 6-4-4　退管

2. 填饲次数和填饲量

（1）填饲次数　每天填饲次数一般为 3～5 次。在前 3 天，每天分 2 次填饲，这个阶段也叫作适应阶段。随后填饲次数可增加到 3 次，在 10 d 后，填饲次数增加到 4～5 次。

（2）填饲量　日填饲量应由少到多，可从 50 g 到 100 g，再到 200 g。大型鹅每次的填饲量为 400～500 g，小型鹅每次的填饲量为 150～200 g。

每只鹅在填饲前先用手触摸食道中玉米的消化情况。如有玉米残留，就说明消化不良，可适当减少填饲量。

四、屠宰取肝与贮存技术

（一）屠宰取肝

1. 屠宰

宰前禁食 8～12 h（一般经过一夜的断饲，翌日清晨屠宰）。采用颈部放血的宰杀方法，即待血放干净后，将鹅放进 65～70 ℃的水中浸烫，并不停地翻动 1～2 min。为防止肝脏破裂，应用人工拔毛。将毛拔净后，用清水将鹅体清洗干净并沥干水分。

2. 预冷

预冷是指将屠体腹部朝上，然后在 0～4 ℃的冷库中冷却 10～18 h，肥肝脂肪变硬，以方便取肝（图 6-4-5）。

3. 取肝

取肝是指将屠体腹部朝上放置于操作台上，剖开腹腔，仔细将肥肝与其他内脏分离，轻轻摘取肝脏。在取肝时，要保持肝体完整和胆囊不破裂。如胆囊破裂，就要用清水冲洗干净（图 6-4-6）。

图 6-4-5　在冷库预冷

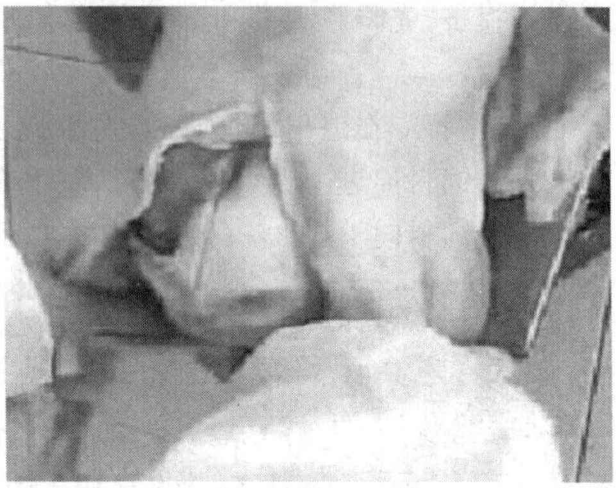

图 6-4-6　屠宰取肝

4. 整修

小心剪去胆囊，切除附着在肝脏上的神经纤维、结缔组织、残留脂肪和胆囊处的绿色渗出物，再切除肥肝中的淤血、出血斑和破损的地方，去掉肝外残留的脂肪（图 6-4-7）。

5. 定形

用清水冲洗后，将肝放在 1% 的冰盐水中浸泡 10 min 定形，捞出，沥干水分，称重，分级（图 6-4-8）。

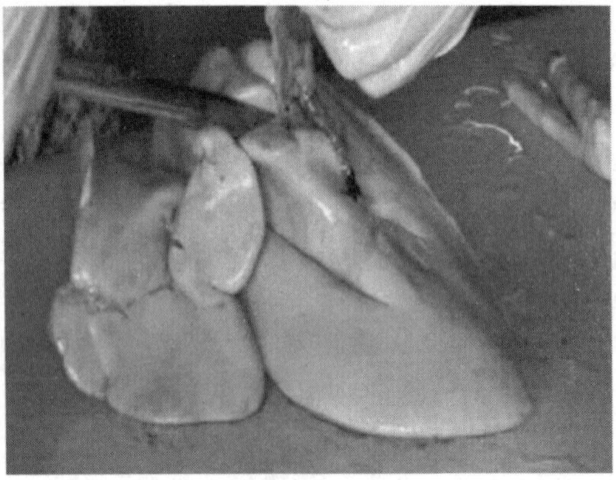

图 6-4-7　整修

图 6-4-8　定形

（二）肥肝的包装与贮存

1. 包装

鲜肝或冻肝均应使用复合塑料袋真空包装，包装箱内箱使用聚乙烯泡沫塑料箱（箱厚不低于 4 cm），放入肥肝后，内置冰袋，将箱盖盖严，再放入包装箱外箱。

2. 贮存

（1）鲜肝　应放在 1～4 ℃的冷藏环境下贮存（图 6-4-9）。鲜肝保存与运输时间最长不超过 5 d。

（2）冻肝　应在 −35 ℃以下的温度速冻后，在 −25～−18 ℃的冷冻库中贮存，一般可保存 2～3 个月（图 6-4-10）。

图 6-4-9 复合塑料袋真空包装

图 6-4-10 冻肝贮存

【知识拓展】

鹅肥肝的特点和营养

鹅肥肝是指通过人工强制填饲育肥后得到的一种脂肪含量特别高的脂肪肝。普通的鹅肝重为 60～100 g，而鹅肥肝重可达 300～1 000 g，最重的鹅肥肝可达 1 800 g，是普通肝脏的 5～10 倍。

鹅肥肝营养丰富，含有大量对人体有益的不饱和脂肪酸，质地细腻，柔嫩可口，在国外属高档营养食品。一般每千克速冻鹅肥肝在国际市场的售价为 $17～25，每千克鲜鹅肥肝在国际市场的售价：一级品为 $40，二级品为 $30，三级品为 $20。将低等级的肥肝加工成肥肝酱之后，可增值 5～6 倍。法国、匈牙利、以色列是三大鹅肥肝的生产国和消费国。

【职业技能测试】

一、填空题

1. 肥肝鹅前期培育期一般为______ d，预饲期______周，填饲期 ______周。

2. 肥肝生产通常是利用__________的鹅品种。最好的鹅肝专用品种是__________。

3. 肥肝鹅每天填饲次数一般为 ______次。

4. 填饲期肥肝鹅应选择________ 日龄、填饲体重一般为________ kg 的鹅。

5. 鲜肝应保存在________ ℃条件下，保存与运输时时间最长不超过______ d。冻肝长期保存则需在______ ℃条件下冷冻保存，一般可保存______个月。

6. 填饲期肥肝鹅可采用____________ 和____________ 。平养时每群数量不超过______只，饲养密度以每平方米饲养______只鹅为宜。

7. 玉米的调制方法有____________、____________、____________ 3 种。

8. 经处理好的玉米料还需加入 0.5%～1.0%的____________、1%～2%的______，待晾冷后再加入 0.01%的____________充分拌匀后即可填饲。

9.取出的肥肝用清水冲洗后将肝放在__________中浸泡 10 min 定形。

10.不论是鲜肝或冻肝均应用__________包装贮存。

二、选择题

1.肥肝鹅在预饲期内要喂(　　)青绿饲料。

A.大量　　B.适量　　C.少量

2.肥肝鹅填饲期一般为(　　)周。

A.1～2　　B.3～5　　C.6～7

3.肥肝鹅填饲饲料最好的是(　　)。

A.黄玉米　　B.高粱　　C.麸皮

4.(　　)是世界肥肝生产量和消费量最大的国家。

A.法国　　B.匈牙利　　C.以色列

5.肥肝鹅填饲的温度最好在(　　)℃。

A.20～25　　B.10～15　　C.25～30

6.肥肝鹅填饲用的玉米最好是(　　)。

A.玉米粒　　B.玉米粉　　C.玉米糊

三、问答题

1.预饲期的肥肝鹅如何饲养管理?

2.肥肝鹅如何填饲?

3.填饲期的肥肝鹅如何管理?

参考文献

[1] 蔡吉光，王星. 家禽生产技术. 2 版. 北京：化学工业出版社，2017.
[2] 席克奇. 禽类生产. 3 版. 北京：中国农业出版社，2014.
[3] 宋东亮，王安. 家禽孵化工培训教程. 北京：中国农业科技出版社，2012.
[4] 郑万来，徐英. 养禽生产技术. 北京：中国农业大学出版社，2017.
[5] 黄国清，刘三凤. 家禽生产. 北京：中国农业大学出版社，2016.
[6] 苏成文，彭少忠. 动物生产基础. 北京：中国农业出版社，2015.
[7] 席克奇. 养殖基础. 北京：中国农业出版社，2011.